U0172808

二级注册建造师继续教育培训教材

市 政 工 程

（上册）

北京市建筑业联合会　主编

中国建筑工业出版社

图书在版编目（CIP）数据

市政工程：上、下册/北京市建筑业联合会主编. —
北京：中国建筑工业出版社，2020.4
二级注册建造师继续教育培训教材
ISBN 978-7-112-25027-1

Ⅰ. ①市… Ⅱ. ①北… Ⅲ. ①市政工程-继续教
育-教材 Ⅳ. ①TU99

中国版本图书馆 CIP 数据核字（2020）第 059752 号

本教材内容丰富，基本涵盖了市政工程的专业知识。教材含有道桥工程施工技术、轨道交通工程施工技术、管道工程施工技术、环境工程施工技术、施工信息化技术、工程项目商务管理、法律法规及相关标准，特别是新技术在实际工程中的成功应用，体现了市政工程技术的发展趋势。教材概括性地介绍了市政工程项目的招标投标、施工合同、工程造价与成本管理。教材还收录了与市政工程相关的标准、规范和法规等内容。

责任编辑：张智芊　朱晓瑜　赵晓菲
责任校对：芦欣甜

二级注册建造师继续教育培训教材
市政工程
北京市建筑业联合会　主编
*
中国建筑工业出版社出版、发行（北京海淀三里河路 9 号）
各地新华书店、建筑书店经销
霸州市顺浩图文科技发展有限公司制版
北京圣夫亚美印刷有限公司印刷
*
开本：787×1092 毫米　1/16　印张：25¼　字数：626 千字
2020 年 5 月第一版　2020 年 5 月第一次印刷
定价：**110.00** 元（上、下册）
ISBN 978-7-112-25027-1
（35756）

二级注册建造师继续教育培训教材

市政工程

编写委员会

主　　编：栾德成

副 主 编：冯　义　　孔　恒

编　　委：杜　冰　　刘国柱　　张奎波　　付敬华　　刘　明
　　　　　乔国刚

编写人员：岳爱敏　　张丽丽　　逯　平　　余家兴　　王　渭
　　　　　彭　竹　　李俊奇　　孟兴业　　郭　飞　　谢伟东
　　　　　丁　彬　　朱　旭　　叶小雷　　梁志海　　李柏青
　　　　　周　阳　　赵福元　　卢九章　　李　雪　　张仲宇
　　　　　史磊磊　　彭　仁　　吕向红　　杨冬梅　　蔡志勇
　　　　　常兴起　　赵　杨　　吴传峰　　张海波　　付晓健
　　　　　王远峰　　孟庆龙　　刘明华　　何富思　　姜　瑜
　　　　　张鑫伟　　田治州　　司典浩　　韩春梅　　王　超
　　　　　韩雪刚　　于洪涛　　林雪冰　　张　珣　　王亚杰
　　　　　刘国柱　　张奎波

前　言

注册建造师的执业素养，不仅是其获取和扩大执业空间的基础和条件，而且关系企业的效益和持续健康发展。重视和坚持注册建造师的继续教育，是建立现代化企业管理的应有之义，也是引导注册建造师自律、自尊、自强的必要举措。

注册建造师按规定参加继续教育，是申请初始注册、延续注册、增项注册和重新注册（以下统称注册）的必要条件。

本教材，既可作为 2020～2025 年期间市政专业二级注册建造师参加继续教育的使用教材，也可作为院校毕业生考取市政专业注册建造师执业资格的学习教材。还可供市政专业工程技术人员、管理人员参考学习。

本教材内容丰富，基本涵盖了市政工程的专业知识。教材含有道桥工程施工技术、轨道交通工程施工技术、管道工程施工技术、环境工程施工技术、施工信息化技术、工程项目商务管理、法律法规及相关标准，特别是新技术在实际工程中的成功应用，体现了市政工程技术的发展趋势。教材概括性地介绍了市政工程项目的招标投标、施工合同、工程造价与成本管理。教材还收录了与市政工程相关的标准、规范和法规等内容。

本教材是编写组全体人员共同协作的结果。在教材编写过程中，参考了许多专家、学者的有关成果和部分文献资料，在此一并表示诚挚的谢意。

由于编者水平有限，难免有不妥和遗漏之处，敬请广大读者提出宝贵意见，以便今后修订时参考。

编委会
2020 年 4 月

目　录

上　册

下　　册

1 道桥工程施工新技术

1.1 厚淤泥地层国道改扩建施工关键技术

随着国民经济持续快速发展，我国高速公路的建设非常活跃。据中国公路网资料，截至 2017 年，全国高速公路通车里程已达 13.1 万 km，位居世界第一，覆盖了约 98% 的城镇人口 20 万以上的城市。在高速公路迅猛发展的同时，受建设早期社会经济能力、技术水平及总体规划构思的制约，绝大多早期完成建设的高速公路都是双向四车道，而六车道或八车道高速公路占有比例低。随着各地交通量的快速增长，原有公路的交通压力愈发突显，交通日显拥挤，路面病害严重，事故频发，已经难以满足现今社会发展的需求，越来越多早期建成的高速公路迫切需要改建拓宽。相较于新建公路，改扩建工程优势明显，在充分利用原有路基的同时，缩短了建设周期，减少了建设用地。

随着改扩建热潮的掀起，同时也出现了一系列的问题。和新建高速公路相比，改扩建工程工艺复杂、施工难度大、质量要求高，主要体现在以下几个方面：

（1）由于老路经过多年运营，新老路基拼接处地层性质、路基材料、压实度及路面厚度、强度都存在明显差异，在接合部必然存在临界面。

（2）老路基经过多年运营，沉降已基本完成，而新拓宽路基工后沉降相对较大，因此在新老路基拼接处难免存在差异沉降问题。

（3）新老路基拼接处施工难度大，工艺复杂，存在人为因素导致的施工质量问题，如压实度达不到设计要求等。

尤其对于滨海地区，由于滨海软土是常年在静水或非常缓慢的流水环境中逐渐沉积，并经生物化学作用形成的，通常具有抗剪强度低、沉降量及侧向变形大、结构性强、渗透性低、压缩稳定所需时间长等物理力学特征，因此这些地区高等级公路的建设本身就受到限制，再加之改扩建相关工作经验的缺乏，现在很多已经完工的高速公路改扩建工程陆续出现了一些病害，如新老路基拼接处不均匀沉降，老路纵横向裂缝、反射裂缝，"桥头跳车"等。其中新老路基拼接处差异沉降是目前滨海地区改扩建工程所面临的主要问题。

本节依托某道路改扩建工程，既有单侧拓宽段又有双侧拓宽段，搭接形式多变，此外，道路纵向拼接均匀沉降控制本身就是世界性难题，加之工程地质为浅层厚淤泥软弱地层，为典型的中国东南沿海地质特色，使其道路纵向拼接处不均匀沉降将更加显著。因此，深入研究厚淤泥地层路基的变形机理并提出合理的控制措施显得尤为重要。

本节将介绍厚淤泥特殊地质环境，软土路基处理复杂施工工艺及新旧路搭接设计工况，对厚淤泥地层国道改扩建路基变形机理及控制进行阐述。

1.1.1 工程简介

某工程路线全长 19.8807km，其中旧路改扩建长 10.618km。

1. 水文条件

勘探深度内地下水类型主要为孔隙潜水、微承压水及基岩裂隙水，孔隙潜水分布于①层及②层土体中。勘探期间测得孔隙潜水初见水位埋深为 0.61～2.23m，稳定水位埋深为 0.51～2.60m。据区域水文地质资料表明，该地区潜水水位年变幅在 1.0m 左右，根据场地周边条件，年最高水位可按所跨河道年最高洪水位考虑。

微承压水主要赋存于粉土、粉砂、粉细砂孔隙中，土层为弱透水-透水层，富水性较好。基岩裂隙水主要赋存于④层基岩裂隙中。

2. 地质概况

特殊路基处理地质纵断面如图 1-1 所示。地质纵断面地基土工程地质分布如表 1-1 所示。

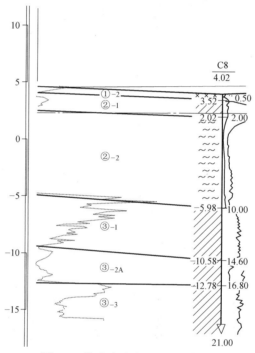

图 1-1　特殊路基处理地质纵断面

地基土工程地质特征一览表　　　　　　　　　　　　　　　　　　表 1-1

层号	土层名称	土层特征描述	分布特征
①-2	素填土	灰黄色，以可塑状粉质黏土为主，局部为粉土，混植物根茎，结构松散，土质不均	层底标高平均约＋3.52m，厚度平均约1.00m，普遍分布
②-1	黏土	灰黄色，可塑，夹 Fe、Mn 质浸斑，土质不均，有光泽反应，干强度及韧性均高	层底标高平均约＋2.02m，厚度平均约1.50m，普遍分布
②-2	淤泥	灰色，流塑，夹腐殖物，无摇振反应，土质不均	层底标高平均约－5.98m，厚度平均约8.00m，普遍分布
③-1	黏土	灰黄色～褐黄色，可塑，局部夹有姜石，有光泽反应，干强度及韧性均高，土质不均	层底标高平均约－10.58m，厚度平均约4.60m，普遍分布
③-2A	粉土夹粉砂	灰黄色，饱和，密实，局部夹粉砂，含云母碎片及石英等，土质不均	层底标高平均约－12.78m，厚度平均约2.20m，普遍分布
③-3	黏土	灰色、青灰色，软塑-可塑，切面稍有光泽，韧性及干强度低，含铁锰质结核及浸染，夹少量钙质结核，土质不均	厚度 1.8～19.8m，普遍分布

3. 新老路设计概况

老路扩建段现状公路设计等级Ⅱ级，设计时速80km/h，路面宽度12m，路基宽度15m，如图1-2所示。

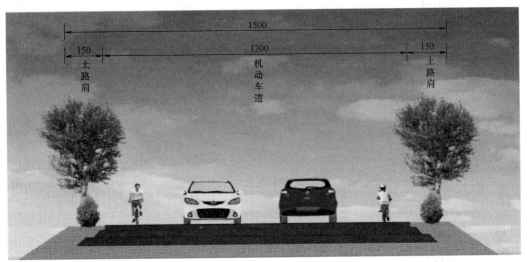

图1-2 老路设计图

本标段一般路段新路公路设计等级Ⅰ级，时速100km/h，路基标准宽度26m，如图1-3、图1-4所示。

图1-3 新路设计图

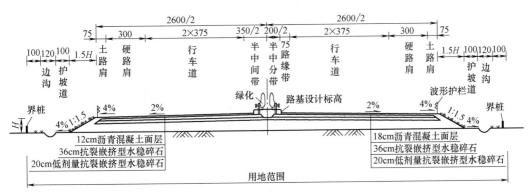

图1-4 新路路基标准横断面图

4. 新老路基拼宽设计

（1）拓宽路基填筑方案

1）开挖台阶

新老路基拼接处采用开挖台阶的方法，台阶形式设计为竖向外倾式，台阶垂向坡面坡比控制为 10：1；由下至上开挖台阶，最下面一层台阶高度为 100cm，宽 150cm，中部台阶尺寸宽度大于等于 100cm，开挖台阶高度为 60cm，台阶高度不足 60cm 时与上一级台阶合并开挖处理。旧路顶部台阶开挖位置控制在硬路肩外边缘向内 100cm 处，顶部台阶高度由宽度控制。挖方工期为 20d。

2）填筑

台阶开挖后应及时回填。路堤填筑必须分级填筑预压，为保证原地面处理质量，本工程要求首层碎石土填筑高度不应超过 40cm，其他填筑层次不应超过 30cm。断面 K497＋900 路基采用碎石土分层填筑：钢塑土工格栅＋20cm 碎石垫层＋40cm 碎石土＋30cm 碎石土＋30cm 碎石土，至距离路床顶 20cm，再铺设一层钢塑土工格栅，最后填筑 20cm 级配碎石至路床顶，累计填筑高度 1.4m，如图 1-5 所示。填筑过程中，严格控制填土速率，控制标准为路基中心沉降量小于 1.0cm/d，边桩水平位移不大于 0.5cm/d，在满足填土速率控制的前提下尽可能快速完成路基填筑。现场实际施工中施工段填筑工期 15d。上述碎石垫层控制碎石粒径小于 5cm，以防格栅破坏；碎石土施工质量采用施工工艺参数和压实沉降差双控。

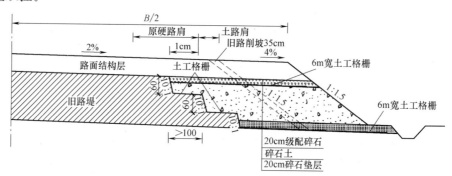

图 1-5　路基拼宽设计图

（2）等载预压方案

堆载材料符合规范要求，选用质地较好的粉土或砂土，等载预压填土高度 h 为 0.8m，换算成等代荷载的碎石土柱高度约为 0.9m，填土容重采用 22kN/m³，预压期 t 为 5 个月，放坡 1：1.5，同路基边坡，如图 1-6 所示。

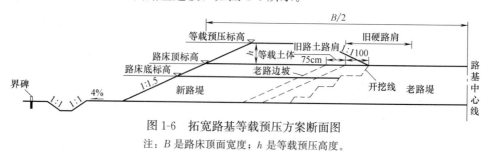

图 1-6　拓宽路基等载预压方案断面图

注：B 是路床顶面宽度；h 是等载预压高度。

（3）粉喷桩方案

粉喷桩设计桩身的无侧限抗压强度为 90d 龄期强度不低于 1.2MPa，参照设计强度 7d 龄期强度不低于 0.5MPa，28d 龄期强度不低于 0.8MPa。粉喷桩桩径为 50cm，梅花形布置，桩距 2.0m，桩长穿过软土层，并打入持力层 50cm，桩顶停灰面标高距离路基底面 35cm。粉喷桩复合地基桩体布置如图 1-7 所示。

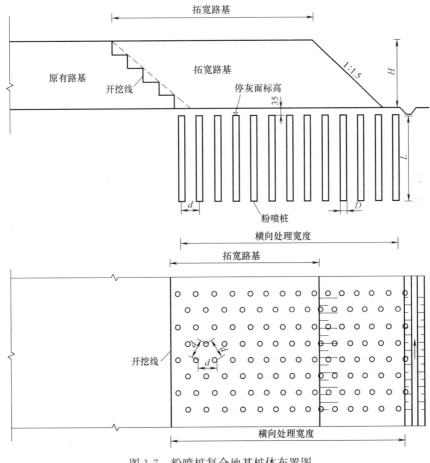

图 1-7　粉喷桩复合地基桩体布置图

1.1.2　厚淤泥地层路基处置技术

1. 新型固化剂

采用高效新型固化剂配方，缓解腐殖酸对水泥固化效果的抑制，同时增强了固化土的早期强度和后期强度，减少了水泥用量。

2. 粉喷桩联合堆载预压技术

采用桥头段路基粉喷桩联合堆载预压技术，等载预压能够更好地控制由于挖方卸载作用引起的隆起，而粉喷桩地基处理方案相对于等载预压在控制工后沉降、超孔隙水压力及路基稳定性方面效果更加显著。

（1）粉喷桩地基技术

1）强度要求

水泥搅拌桩桩身强度设计：桩身的无侧限抗压强度为 90d 龄期强度不低于 1.2MPa，参照设计强度 7d 龄期强度不低于 0.5MPa，28d 龄期强度不低于 0.8MPa。

2）施工工艺

根据相关规范，粉喷桩采用水泥深层搅拌施工，"四搅一喷"施工工艺，即 4 次搅拌工艺：预搅上下 2 次、复搅上下 2 次、共 4 次，预搅提升时喷粉（水泥用量 50kg/m、55kg/m、60kg/m、65kg/m），距离地面 35cm 时停止喷粉，然后整桩复搅 1 次，复搅时进行补喷。具体工艺流程如下：

① 整平场地。

② 搅拌机定位。将搅拌机移位至施工桩位处后定位，孔位误差不得大于 50mm。

③ 调平钻机平台。使用 4 个支腿调整平台，使钻机钻杆垂直度误差不大于 1‰。

④ 开机搅拌。以 1、2、3 挡逐渐加速，将钻头顺转钻进到设计层位，如遇硬土难以钻进时可以降挡钻进，放慢速度。在钻进时始终保持连续送压缩空气以保证喷灰口不被堵塞，钻杆内不进水，保证下一道工序送灰时顺利通畅。

⑤ 提升钻杆喷粉搅拌。用反转法边搅拌边提升喷粉。按 0.5m/min 提升速度，提升到设计停灰面，应慢速原地搅拌 2~3min。

⑥ 重复搅拌。为保证充分将粉体搅拌均匀，须将搅拌头再次下沉搅拌至原设计深度，再提升搅拌，速度控制在 0.5~0.8m/min。

⑦ 防止施工污染环境。在喷粉提升到距地面 0.35m 处时应停止喷粉。通管路时应在孔口设置防灰保护装置。

⑧ 粉喷桩施工机具应有专门的自动计量装置，该装置能自动记录沿深度的喷粉量和时间等。

⑨ 当一根桩施工完毕后移机，接着重复上述方法逐根施工。

3）检测及试验要求

① 水泥搅拌桩实际使用的喷入量必须通过室内配合比试验确定，根据土样天然含水量、孔隙比的不同，应做不同配合比的试验，确定最佳喷入量。

② 灰量不小于设计用量。

③ 喷灰方式根据试桩确定，一次喷灰达不到设计要求，采用二次喷灰。

④ 垂直偏差不得大于 1.5‰。

⑤ 桩位偏差不得大于 10cm，深度误差不得大于 5cm。

⑥ 搅拌机下沉或提升的时间应有专人记录，时间误差不得大于 5s。

⑦ 成桩 7d 后，施工单位先开挖自检，观察桩体成型情况及搅拌均匀程度，如实做好记录，检查频率为 2%，开挖深度不小于 1.5m，最少不得少于 3 根。用轻便触探器进行桩身质量检测，根据钻进速度判定桩身强度，当对桩身质量有怀疑时，可采用钻孔取芯做抗压强度检验。

⑧ 成桩 28d 后，钻芯取样，并进行无侧限抗压强度试验，抽检频率为桩数的 0.5%，且每工点不得少于 3 根。对于 28d 的标准贯入试验，桩身无侧限抗压强度 28d 龄期不低于 0.8MPa，90d 龄期不低于 1.2MPa。

（2）堆载预压技术

当粉喷桩施工完成并自然养护达强度要求以后，开始进行新路堤的填筑。路堤必须分级进行填筑预压，并严格控制填土速率，以路基中心沉降量小于 1.0cm/d，边桩水平位移不大于 0.5cm/d 作为控制标准，在该控制标准下，尽快完成路基填筑。在填筑堆载过程中，软土地基逐渐排水固结，其强度逐渐提高。当路基填土达到路面高程，经甲方和监理验收合格后，便开始进行堆载预压施工。

1）施工参数

堆载材料必须符合要求，选用质地较好的粉土或砂土。等载预压填土高度 h 为 1.5m，预压期 t 为 6 个月，放坡 1∶1.5，同路基边坡，如图 1-8 所示。

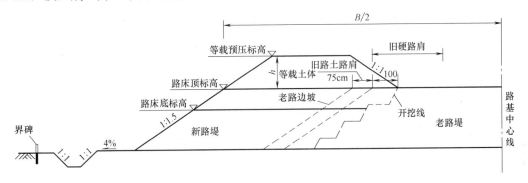

图 1-8　拓宽路基等载预压方案断面图

2）堆、卸载施工要点

① 堆载预压前，测定桥面及桥头的预压段标高，以便控制后续堆载预压土的厚度。

② 堆载预压土应分层施工，每层厚度不超 40cm，堆载土运至预压区并摊平以后，用压路机振动碾压，使堆载土的干密度达到 16.5kN/m³ 以上。

③ 分层施工完成并测定顶层标高满足预定高程以后，用平地机整平以保证预压堆载均匀施加。

④ 堆载预压期达设计值（6 个月）且固结度达到 80% 后，方可卸载。

⑤ 卸载后进行碾压，对卸载面用 40t 振动式压路机碾压 6~8 遍，使其密度达到 95% 以上，并使碾压后的高程等于路面高程－路面厚度±5cm。

⑥ 卸载后回弹模量应大于等于 25MPa。

（3）沉降动态观测

对该技术地基处理前后的路基变形进行实时监测，路基拓宽填筑施工和堆载期间，水平位移主要发生在新老路基拼接处靠近路基表面一侧以及拓宽路基右坡肩，在实际施工中应重点开展这些部位水平位移的实时监测，当水平位移速率过大时，应及时采取必要的措施。

1.1.3　厂拌级配碎石配方及施工工艺

基于变质岩的工程特性，进行了变质岩作为级配碎石母岩材料的方案设计，分别对相对粗、中、细三种变质岩级配碎石进行了最佳含水率、最大干密度及承载比（CBR）等控制参数测定试验，包括击实试验和承载比试验，并最终确定了变质岩级配碎石的设计方案。

级配碎石原材料各物理性质控制标准要求：压碎指标值（按质量损失计）小于等于 20%；现场施工控制含水率 W4%~6%，击实试验确定其最佳含水率为 5.2%；液限小于

25％；塑性指数小于4；砂当量大于47％；洛杉矶磨耗值（LAA）小于32％；针片状指数小于20％；4天泡水 CBR 大于120％；级配碎石渗透系数小于 10^{-5} cm/s；含泥量小于2％。

该设计方案因地制宜，就地取材，极大程度地节约了成本，提高了施工效率，并且能有效控制反射裂缝。

1.1.4 新旧路基协调变形施工方案

采用一种厚淤泥软土地基改扩建工程双侧拓宽段新旧路基变形协调控制技术，综合运用了台阶拼接方法与铺土工格栅，拟定了明确的施工工艺与技术要求，控制了双侧拓宽段新旧路基拼接处的差异沉降。

1. 基本原理

根据《公路路基施工技术规范》JTG/T 3610，当地面自然横坡或纵坡坡度高于1：5时，为了避免拓宽路基与原路基之间形成滑动面，应先将原路基挖成台阶，再进行拓宽路基填筑。

土工格栅是一种非编织整体网格结构，经一次挤压成型，不存在焊接或编织点薄弱环节，传力效果好，同时具有很大的锚固力，有很广泛的适应性。按照制作工艺不同，可分为单向土工格栅和双向土工格栅。土工格栅的布设能明显降低土中水平和垂直应力，充分发挥土体的抗剪强度，从而提高地基承载力及抵抗变形、抗裂的能力，进而起到控制新旧路基拼接处差异沉降的作用。

2. 控制标准

路基拼接时，应控制新老路基之间的差异沉降，原有路基与拓宽路基的路拱横坡的工后增大值不应大于0.5％。

3. 开挖台阶施工技术要求

（1）新老路基拼接采用开挖台阶的方式。竖向外倾式，垂向坡面坡比控制为10：1；由上至下开挖台阶，最下面一层台阶高度为100cm，宽150cm，中部台阶尺寸宽度大于等于100cm，高度60cm。为保证土工格栅上碎石垫层的铺设，需在原有反挖1.94m基础上再下挖20cm。

（2）旧路顶部台阶开挖位置控制在硬路肩外边缘向内100cm处，同时将原有公路边坡顶部土路肩75cm范围内全部挖除，顶部台阶高度由宽度控制。

（3）台阶开挖后及时回填，在路床顶面以下20cm和路基底部各铺设一层钢塑土工格栅，图1-9中位置为示意，实际施工时位置可根据需要适当调整。

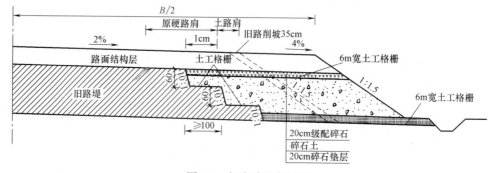

图 1-9 拓宽路基断面图

4. 土工格栅施工技术要求

本项目在拼宽路段、河塘路段及特殊路基处理段分别设置单向土工格栅和锁扣式双向土工格栅。土工格栅的材料质量指标应符合设计要求，外观无破损、无老化、无污染现象。

（1）按设计要求在新、老路基接合部铺设钢塑土工格栅，钢塑土工格栅极限抗拉强度不小于 50kN/m，纵向及横向极限延伸率不大于 3%。

锁扣式双向土工格栅主要用于复合地基处理与其他处理方式过渡处，其技术指标要求如表 1-2 所示。

锁扣式土工格栅技术指标表　　　　　　　　　　　　　　表 1-2

材料项目	锁扣式双向土工格栅
最大负荷延伸率(%)	≤3
抗拉强度(kN/m)	≥80
结点强度(N)	≥300

（2）土工格栅铺设面应平整，严禁有碎石等坚硬凸出物。

（3）受力方向联结处土工格栅的强度不得低于设计强度，同时保证搭接长度 300～600mm。

（4）单向土工格栅受力方向应垂直于路堤轴线；河塘路段，要求路基交界处土工格栅受力方向应垂直于拼接处河塘边缘。

（5）保证土工格栅平整，拉紧后采用插钉等措施进行固定。

（6）土工格栅铺设完成后及时填筑上部结构层，暴露时间不得超过 48h。

1.2 承压水软土地层 SMW 桩深基坑变形控制关键技术

1.2.1 工程简介

某快速化道路改造工程，全长 1.46km，由隧道段和路基段构成（图 1-10、图 1-11）。其中隧道段全长 1043m，包括：敞口段 363m，暗埋段长 680m，宽 29.4m。隧道主体为现浇钢筋混凝土框架结构，敞开段为 U 形槽形式，暗埋段为单层双孔矩形形式。基坑北侧为金融区施工工地，属于高层建筑（基坑支护有锚杆），距离基坑最近距离约 30m；南侧为居住社区，距离基坑最近距离约 50m。基坑周边存在 14 条通信线路、18 条电力管线以及 8 条水力管线（包括自来水管线、雨水管线以及中水管线）。

基坑围护结构采用 SMW 工法桩（ϕ850@600 三轴水泥土搅拌桩内插 H700×300×13×24 型钢）；泵房段基坑排桩支护结构形式采用 ϕ1000@1200 钻孔灌注桩＋ϕ850@600 搅拌桩作止水帷幕；坑底加固或降水。基坑内支撑采用"钢筋混凝土支撑＋钢管支撑"的混合支撑体系。隧道围护结构标准断面如图 1-12 所示。

雨水泵房段围护结构平面如图 1-13 所示。雨水泵房段基坑支护和开挖断面如图 1-14 所示。

图 1-10　道路隧道平面示意图

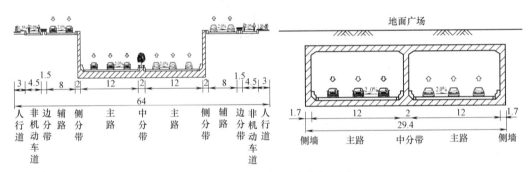

图 1-11　隧道主体结构横断面图

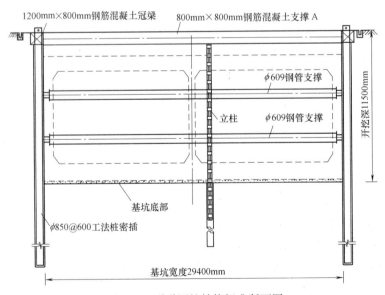

图 1-12　隧道围护结构标准断面图

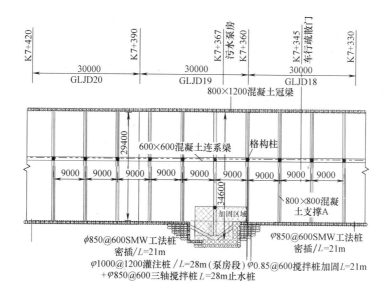

图 1-13 雨水泵房段围护结构平面图

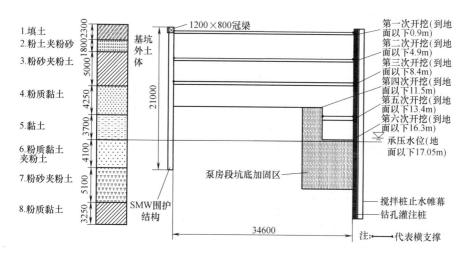

图 1-14 雨水泵房段基坑支护和开挖断面图

工程地质纵断面如图 1-15 所示。基坑开挖标准段深度最大为 11.6m，泵房处最大深度为 16.3m，开挖深度内主要涉及①-1 层填土、③-1 层粉土夹粉砂、③-2 层粉砂夹粉土、④-1 层粉质黏土和④-2 层黏土，且项目区④-1 层粉质黏土、④-2 层黏土具有较好的隔水性。工程周围沿线水系发育，多层地下水。

本工程基坑开挖深度较深，逼近承压水层顶板，开挖范围以富水砂层为主；工程周边为城市道路和重要建筑物，管线密布，环境控制要求较高，基坑外侧不具备降水条件。本工程具有"高水位、承压水、深基坑、砂层"四个突出特点。施工现场如图 1-16 所示。

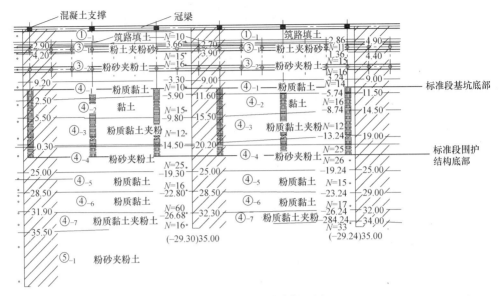

图 1-15　工程地质纵断面图

图 1-16　施工现场鸟瞰图

1.2.2　SMW 工法桩施工工艺及质量通病防治

1. 施工工艺流程（图 1-17）

SMW 工法搅拌成桩采用跳槽式双孔全套复搅式连接和单侧挤压式连接方式两种施工顺序，保证墙体的连续性和接头的施工质量，水泥搅拌桩的搭接以及施工设备的垂直度修正是依靠重复套钻来保证，以达到止水的作用。

（1）跳槽式双孔全套复搅式连接（图 1-18）：一般情况下均采用该种方式进行施工。

（2）单侧挤压式连接方式（图 1-19）：对于围护墙转角处或有施工间断情况下采用此连接。

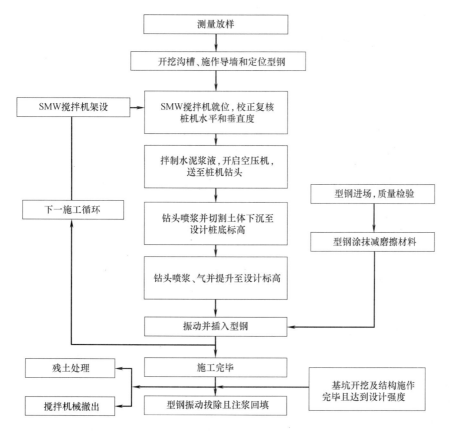

图 1-17　SMW 工法桩施工工艺流程图

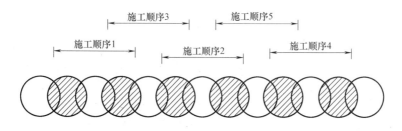

图 1-18　跳槽式施工工序

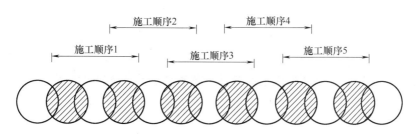

图 1-19　单侧挤压式施工工序

2. 主要施工工序施工要点

（1）开机前探明和清除一切地下障碍物，回填土的部位必须分层回填夯实，确保桩的质量。

（2）桩机行驶路轨和轨枕不得下沉。桩机垂直偏差不大于 1%。

（3）采用标准水箱，按设计要求严格控制水灰比，水泥浆搅拌时间不少于 2～3min，滤浆后倒入集料池中，随后不断搅拌，防止水泥离析压浆应连续进行，不可中断。

（4）每根桩需做试块一组，采用标养，28d 后测定无侧限抗压强度，应达到设计标号。

（5）严格控制注浆量和提升速度，防止出现夹心层或断浆情况。

（6）搅拌头二次提升速度均控制在 50cm/min 以内。注浆泵出口压力控制在 0.4～0.6MPa。

（7）桩与桩须搭接的工程应注意下列事项：桩与桩搭接时间不应大于 24h；如超过 24h，则在第二根桩施工时增加注浆量 20%，同时减慢提升速度；如因相隔时间太长致使第二根桩无法搭接，则在设计认可下采取局部补桩或注浆措施。

（8）尽可能在搅拌桩施工完成后 30min 内插入 H 型钢，若水灰比较大时，插入时间相应增加。

（9）每根 H 型钢到现场后，都要检验垂直度、平整度和焊缝厚度等，不符合规定的不得使用。

3. 质量通病防治措施

（1）邻桩搭接长度不足

主要表现形式：相邻三轴搅拌桩之间的搭接长度小于套接及搭接的设计值。主要治理措施：

1）仔细审图、严格按图施工。

2）仔细定位。

（2）倾斜过大

主要表现形式：地下连续墙成槽时抓斗抓不动或基坑开挖竖向围护面倾斜。主要治理措施：

用桩机自带的线垂控制垂直度。假定地连墙与搅拌桩的净距为 b，垂直度设计要求为不大于 b/桩长，在桩架上设置线锤 2.5m 长，底部对中处设一钢圈，钢圈上用十字交叉丝标示，锤尖在十字交叉位置四个方向偏移不超过 $2.5×1000b$/桩长（单位为 mm）即视为垂直度控制合格。

（3）桩长不足

地下连续墙成槽时在设计槽壁加固范围内出现缩颈或塌槽现象，或不成槽。主要治理措施：

在施工前，逐段取钻杆的长度，在钻进时按照此长度推算设计底标高，并将此位置用色圈标识在钻杆上。

（4）冷缝

主要表现形式：相邻三轴水泥土搅拌桩施工间歇超过 24h，未形成套接及搭接的有效组接形式，未起到护壁或止水等作用。主要治理措施：

1）施工过程中一旦出现冷缝则采取在冷缝处补做搅拌桩或旋喷桩等技术措施。在搅拌桩初始施工处和终止施工处做好标记，待适当时候补强处理。

2）在钻不进时，判断是由于障碍物而造成时，则根据其埋深由普通挖掘机直接挖除、长臂挖掘机放坡挖除、冲击钻冲击等施工方法清除。

3）机械进行检修，保证其正常运行。在现场配置1台功率大于搅拌桩机组用电负荷的发电机，以应对停电造成的施工间断。

（5）搅拌桩体检测强度不均匀

搅拌桩在施工过程中在导沟内取出的水泥浆所制作的水泥块抗压强度及成桩28d后全桩长抽芯取样的抗压强度，在抗压试验时其值或高于设计无侧限抗压强度或低于设计无侧限抗压强度。主要治理措施：

1）选择合理的施工工艺。

2）控制水泥浆搅拌时间。

3）快搅及重复。

4.搅拌桩加固

搅拌桩加固是利用水泥土、石灰等材料作为固化剂，使软土稳定性、抗渗性能以及强度得到提高的工程措施。搅拌桩坑底加固施工如图1-20所示。

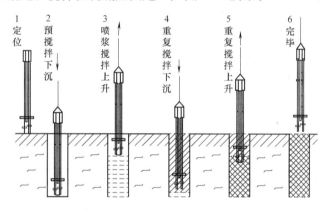

图1-20　搅拌桩坑底加固施工示意图

（1）钻机就位要求：

1）钻机机座要求平稳牢固（用水平尺检查），轨道枕木下要垫实。

2）搅拌钻头与孔位偏差不得大于5cm。

3）桩身倾斜角度不得大于1%。

（2）下沉：

1）待搅拌机的冷却水循环正常后，启动搅拌机电机，放松钢丝绳，使搅拌桩电机及钻杆在自重作用下沿导向架旋转搅拌切土下沉。

2）控制下沉速度，电机的工作电流不得大于70A。

3）如果下沉速度太慢，可以补给少量清水，以方便钻机下沉。如遇较坚硬的砂质黏土层，发生难以下沉的情况时，应采取相关措施进行处理。

4）搅拌头必须下沉到设计深度，如发现未达到设计标高必须严肃处理，项目部质量员必须经常检查。

（3）制备水泥浆液：

1）按设计要求确定的水灰比拌制水泥浆。

2）水泥浆倒入集料中必须过滤，凡有泥碎块或纸袋碎片必须除去。

3）对集料斗中的水泥浆，要有专人负责人工搅拌。

4）经常用比重计测定水泥浆的比重，检查水泥浆的浓度。

（4）第一次喷浆提升

钻进到设计深度（坑底标高以下 3m）后，开启压浆注浆，浆液到达底部后搅拌 1min，然后钻头旋转搅拌提升，使水泥浆和原土充分拌合，提升速度控制在 0.7m/min，即提升卷扬机用慢挡。

（5）第二次搅拌下沉

当提升到坑底设计标高时，停止压浆，开始第二次下沉搅拌。

（6）第二次喷浆搅拌提升

第二次下沉到设计标高，第二次开启压浆泵注浆，边提升边搅拌喷浆。

（7）第三次搅拌下沉

当提升到坑底设计标高时，停止压浆，开始第三次下沉搅拌。

（8）第三次喷浆搅拌提升。

（9）机架移位至下一处，重复上述步骤进行基坑加固。为了确保墙体的连续性和接头的施工质量，必须采取重复套钻的工艺，以达到止水的作用。

5. SMW 桩接缝处理及防水层保护措施

（1）由常规套钻 1 个孔改为套钻 2 个孔来增加搭接的强度和抗渗性能。

（2）严格控制上提和下沉的速度，做到轻压慢速以提高搭接的质量。

（3）在冷缝处围护桩外侧补高压旋喷桩方案，以防偏钻，保证补桩效果，素桩与围护桩搭接厚度约 10cm，确保围护桩的止水效果。

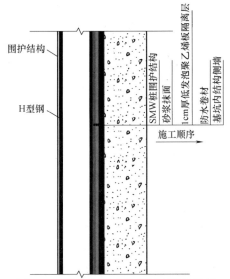

图 1-21　低发泡聚乙烯板隔离层的设置

（4）基坑 SMW 桩体施作 5cm 的砂浆抹面—铺设厚度 1cm 的低发泡聚乙烯板隔离层（图 1-21）—铺设防水卷材—基坑内主体结构侧墙浇筑—结构施工完成后拔出型钢。

1.2.3　小结

（1）工程实测结果表明，基坑未出现超过控制值的过大变形，说明基坑抗突涌稳定性和围护结构处于安全状态，针对标准段基坑和泵房段基坑抗突涌控制措施的应用效果良好。

（2）对承压水富水砂层基坑 SMW 桩的施工冷缝及渗漏水提出了有效的处理措施。

（3）在 SMW 围护桩与侧墙防水卷材之间增设一层低发泡聚乙烯苯板隔离层，提高了基坑主体结构侧壁防水效果。

1.3 城市快速路大修工程施工关键技术

近年来，随着社会经济的高速发展和人民生活水平的提高，需要更多、更高级的城市快速路交通来满足各类出行需求。同时，对公路的大量需求又促使公路建设速度的加快和公路等级的提高。但由于"重建设、轻养护"的观念，随着重载车辆集中，交通量繁重及历年超负荷运营，很多公路路面破损严重，出现了严重的龟裂、车辙等病害。为了完善道路的使用功能，提高运营质量，近年来各地对快速路网进行了大修施工。

1.3.1 工程简介

某环路开通至今已经服务 10 余年，路面逐渐出现各种病害，服务功能逐渐衰减，为进一步提高环路服务质量，须对环路部分路段展开维修。

主要施工内容为精拉毛，病害处理，粘层、超薄磨耗层、桥面雾封层、SMA 沥青混凝土罩面施工，以及桥梁伸缩缝的更换、防撞护栏的清洗、防护网的修复、防眩板的清洗、桥梁加固与维修、路面标线的复划等。

1.3.2 工程特点

（1）路面大修工程往往只能采用夜间不断路半幅施工，安全隐患大，交通导行的合理布置及施工区域内人员安全管理是关键。

（2）路面大修工程施工时间为晚 10：00 至次日早 6：00，施工时限性强，早 6：00 前必须开放交通，8h 施工进度的管理，对顺利完成施工任务具有重要意义。

（3）大修工程路面病害情况复杂、病害类型多种多样，设计图纸并不能准确反映病害的位置、种类及工程量，为了确保预定沥青混合料的类型及数量能够满足当天施工的要求，避免由于混合料不够影响施工进度，或沥青混合料过多造成浪费。施工前对病害的现场调查及计量管理尤为重要。

（4）路面大修工程最终的目的是提高路面的使用性能，对施工的质量要求高，施工质量管理是路面大修工程的关键。

1.3.3 项目施工组织管理

1. 交通导行管理

城市快速路由于交通流量大、影响面广，大修施工往往安排在夜间，采取半幅施工半幅通行的组织原则，因此交通导行工作尤为重要。项目部要成立交通导行组织机构，制定科学可行的交通导行方案，备齐交通导改物资、设备，并经交通管理部门批准后方可实施，同时应制定交通疏导应急预案。

交通导改现场如图 1-22 所示。车辆事故处理流程如图 1-23 所示。交通导改施工如图 1-24 所示。

2. 技术管理

（1）病害调查

图 1-22　交通导改现场图

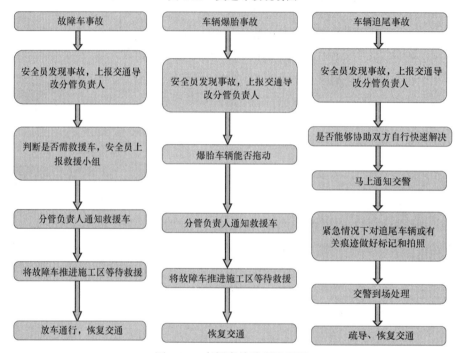

图 1-23　车辆事故处理流程图

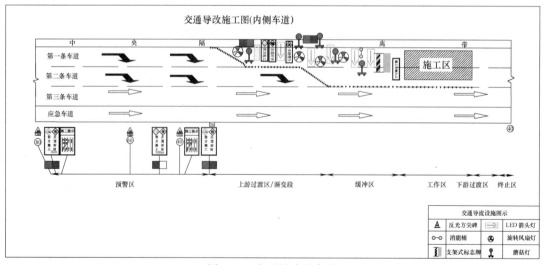

图 1-24　交通导改示意图

沥青路面的常见病害可分为非结构性病害和结构性病害。由于病害处理得好坏直接影响后序罩面工程的质量，施工前需对病害进行详细的调查，并对不同形式的病害进行界定，针对路面多种多样的病害形式，制定"分区分类处置"原则（图 1-25）。

图 1-25　分区分类图

施工前一天由现场技术人员和计量人员配合业主、设计、监理工程师等对施工现场进行详细调查，确定好病害位置、种类、处理方式、面积、所需材料类型及数量并以《病害处理表》的形式进行详细记录，图纸范围以外的病害按新增病害进行记录。

（2）关键部位、特殊部位施工措施

1）路面标高顺接

对于纵断面原则上保持原有路面纵坡不变，以原有桥梁结构物伸缩缝处的高程或路面罩面起终点原路面高程作为控制点进行纵断面设计，对新铺路面与原路面衔接及新铺路面与新铺桥面铺装存在高差处均设置 40m 的顺坡段，以逐渐消除新铺路面抬高 4cm 后形成的路面高差，在满足沥青混凝土结构层最小施工厚度的基础上，对原路面进行铣刨，再铺新路面。

标高顺接如图 1-26 所示。

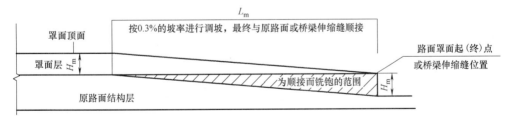

图 1-26　标高顺接示意图

2）接缝施工

在摊铺前根据路面宽度、摊铺机台数和每天混合料供应量对接缝位置进行规划，力求将接缝减到最少，必须设缝时尽量采用热接缝。

① 纵缝施工（图 1-27）。摊铺为梯队作业时的纵缝采用热接缝，设于非轮迹处，施工时将已铺混合料部分留下 10～20cm 宽暂不碾压，作为后摊铺部分的高程基准面，最后进行跨缝碾压。

图 1-27　半幅施工

当半幅施工产生纵向冷接缝时，施工前须在已铺面层上画出纵缝铣刨线并检查直顺度，以保证铣刨后的效果。铣刨后须清扫纵缝，做到无浮灰和松散料。

铺筑前须安排专人对纵缝立面涂刷乳化沥青；摊铺时，宜将热料重叠在已罩面层上5～10cm，再人工打扒子将多余的料清除，对纵缝打扒子时注意控制纵缝料的量，料少了将会出现一道黑印，外观难看，料多了将出现错台，需选用具有多年经验的工人，专门负责。

碾压时，压路机须先碾压紧邻接缝处新铺层10～30cm，然后再碾压与此相邻的新铺层，之后跨缝碾压，以保证接缝位置挤压密实。

相邻两层的纵缝要错开15cm（热接缝）或30～40cm（冷接缝）以上，表层的接缝一定要顺直，尽可能留在车行道划线位置上。

②横缝施工（图1-28）。在将要搭接接头处用3～5m水平尺量测，查找接缝位置的不平整度，以不平整线最末端处设铣刨线，铣刨线必须垂直于路中线。

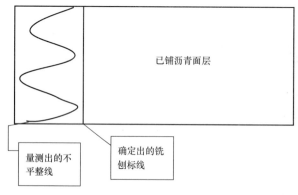

图 1-28　横缝施工

铣刨时须将铣刨线至施工结束位置间的新铺料全部刨除，同时又不得损伤下承层，铣刨后须清扫干净，不得留有浮沉及松散料，及时喷洒乳化沥青，接缝立面处人工涂刷乳化沥青。

接缝摊铺时，摊铺机机手要定好仰角，确保摊铺机铺的新铺面与原旧路面的松铺面高度基本一致。人工用热料及时将横向接头位置补料，确保压实后接头处饱满，光滑，平顺。

接缝碾压时，横缝的碾压要顺路的垂直方向进行，同时人工以 3～5m 直尺找平，对于不平整处，指挥压路机进行碾压。

（3）质量管理

1）建立健全质量保证体系

在工程中，严格按照质量体系标准建立健全本工程的质量管理体系，使全部施工作业过程处于受控状态，确保公司的质量保证体系在工程中得到有效运行。施工中深入落实质量责任制，并细化交底到每一个施工人员手中。

2）人员保证措施

针对大修项目点多、线长、工期紧的特点，投入了多个作业队展开施工，每个队伍均配备齐全的质量、测量、试验等管理人员。所有人员上岗前均认真培训，增强质量意识，掌握质量标准。

3）加强施工前的质量控制工作

① 施工前，组织技术人员认真会审设计文件和图纸，深入了解并掌握工程技术的要求和施工的质量标准。

② 对各种投入工程施工的原材料，按程序进行检验、复试、抽检，确保原材料质量。

③ 开工前做好各部位、工序的技术交底，使各级施工人员清楚地掌握各将要施工的部位、工序的施工工艺、技术规范要求，确保施工质量。

4）做好施工全过程的质量控制工作

根据施工特点，重点抓好路面铣刨、清扫、灌缝、粘层油洒铺、面层摊铺、碾压等工序，每个工序完成均自检并向监理工程师报验，验收后进入下一工序，确保工程质量（图1-29）。

(a) 路面铣刨

图 1-29　全过程质量控制（一）

(b) 路面清扫

(c) 切缝、灌缝

(d) 粘层油撒布

(e) 半幅施工沥青混凝土摊铺、碾压

图 1-29　全过程质量控制（二）

5）做好施工材料的质量控制

除开工前进行进场准入检验外，施工中对每批进场材料均取样检验，确保材料质量。增派试验人员驻场，确保原材料及成品混合料生产过程中质量受控。

6）加强施工过程的试验与检验

在现场配备专职试验人员，严格控制过程质量，进行自检验收，严格把好质量关，每日完工前将重要检测指标——厚度、平整度等检验结果进行通报（表1-3），以便各队分析存在不足，使进一步提高质量。

每日施工重点质量控制表

表1-3

项目	质量要求	质量控制	质控负责人
拉毛	(1)拉毛深度控制在0.5～0.7cm之间。 (2)拉毛时铣刨机行进速度控制在10～15m/min	(1)质检人员用3m直尺、塞尺、钢板尺检测路面平整度、拉毛深度。 (2)目测路面纹理顺平度，要求能满足行车平顺舒适	\
铣刨	(1)按照设计要求控制铣刨深度。 (2)铣刨机铣刨速度控制在3～5m/min。 (3)如有宽度大于等于5mm的裂缝须进行切铣处理	(1)质检人员用钢尺控制铣刨宽度(8.35～8.4m)。 (2)控制铣刨机的行进速度，不宜以过快或过慢的速度铣刨行进，以保证铣刨深度和铣刨质量	\
沥青摊铺	(1)摊铺前必须清理干净路面，熨平板预热温度110℃以上。 (2)摊铺速度应均衡连续，且不应超过3m/s。 (3)严格按照试验段确定的松铺系数进行摊铺。 (4)严格控制沥青混合料的摊铺温度。 (5)每车料从生产到卸料控制在6h以内	(1)运输混合料车辆做好苫布防雨准备。 (2)质检人员逐车测定沥青混合料的到场温度和摊铺温度，不符合规范要求的一律废弃。 (3)严格控制摊铺厚度、松铺系数，随时检查摊铺厚度	\
接缝直顺	(1)各层均采用垂直的平接缝。 (2)继续摊铺时，在横缝上涂上少量粘层沥青，摊铺机熨平板提前预热从接缝处起步摊铺。 (3)横向施工缝远离桥梁伸缩缝20m以外，严禁设置在伸缩处，以确保伸缩缝两边面的平顺。 (4)缝碾压方向必须顺缝而行，任何情况下都不能与缝垂直	(1)质检人员用3m直尺沿纵向位置，在摊铺段端部的直尺呈悬臂状，以摊铺层与直尺脱离接触处定出接缝位置，用铣刨机铣齐后铲除。 (2)按要求进行碾压，质检人员采用3m直尺进行检测接缝平整度。 (3)横缝的碾压要路的垂直方向进行，纵缝的碾压要顺路的方向进行	\
压实及成型	(1)根据铺筑的混合料种类选择碾压机械的组合。 (2)压路机应以慢而均匀的速度碾压，禁止急停或转弯。 (3)在不产生严重推移和裂缝的前提下，初压、复压、终压都应在尽可能高的温度下进行。同时不得在低温状况下反复碾压，使石料棱角磨损、压碎，破坏集料嵌挤。 (4)表面SMA沥青采用钢轮压路机，改性AC沥青复压必须采用胶轮压路机	(1)质检人员在碾压过程中测定表面层温度，初压、复压、终压温度都应符合规范要求。 (2)碾压过程中，质检人员用3m直尺和无核密度仪及时监测，以加强平整度和压实度的过程控制。实验人员及时取芯、检测平整度。 (3)对成型路面进行检查，发现"油丁"及时挖补并压实	\

续表

项目	质量要求	质量控制	质控负责人
伸缩缝	（1）根据施工图或实际平整度调整后的开槽宽度准确放线。 （2）锯缝位置、尺寸准确、垂直、顺直、无缺损。切缝后应立即用清水将石粉清除干净。 （3）开槽深度不小于设计要求，开槽边必须保证顺直、整齐。 （4）植筋深度不小于15cm。 （5）安装前检验槽内杂物是否清理干净，确保槽内无杂物后进行新伸缩缝吊装	（1）在放线之前必须用3m直尺对伸缩缝处的沥青面层进行平整度检测。 （2）严格控制桥梁伸缩缝施工时每一步的施工工艺。 （3）严格控制左右半幅施工中的桥梁伸缩缝结构的接顺。 （4）严格控制伸缩缝与沥青油面的接顺。 （5）新伸缩缝顺直控制在3mm以内，平整度用3m直尺检查应控制在2mm以内，新伸缩缝顶面略低于路面2mm。质检人员检查过程中如发现问题应及时调整，以免造成返工	\

现场检测如图 1-30 所示。

(a) 渗水指标检测

(b) 构造深度指标检测

(c) 现场取芯

(d) 平整度检测

图 1-30 现场检测图（一）

(e) 温度检测

(f) 乳化沥青用量检测

(g) 拉毛深度检测

(h) 摆值检测

图 1-30　现场检测图（二）

（4）进度管理

1）施工准备：每日施工机械设备提前 2h 到达事先划定的位置统一停放，现场管理人员对机械设备进行清点，并根据工作面对每个队伍的设备进行分组划分，贴清标识，分为 1 队、2 队等，所有设备在进场之前进行检查调试，确保正常完好，同时加满油和水，带齐备件。

2）交通导改及设备进场：22：00～23：00。随着交通导流设施的摆放完成，指派专职人员按事先划定线路和使用顺序按编号带领车队进入导改区域，并统一安排机械设备停放位置，避免各类机械设备停放位置间距不合理，需反复调整，影响施工进度。

3）铣刨作业：23：00～2：30（15m/min）。铣刨长度 800～1000m（如业主及交管局允许可适当增加铣刨长度，为第二天能够提前进行施工做准备）。铣刨速度 10～15m/min。

4）清扫与乳液喷洒：23：30～3：00。分段清扫完成后，喷洒乳液。

5）面层摊铺：00：00～4：30。摊铺长度 800～1000m，摊铺速度 2.5～3m/min。

6）视情况洒水降温：现场摊铺碾压完成后，为确保通车需要，表面温度在通车前必须降低到 50℃以下，为使路面及时冷却，配备水车根据需要洒水降温。

7）标线施划：3：00～5：00。标线施划随着碾压进度分段陆续完成。

8）设备撤场：4：30～5：10。随着工序的递进完成，根据作业顺序，由现场负责人组织，各种设备在完成作业后及时用拖板车运出现场，停放到预定地点。

9）撤除导改设施：5：10～5：50。6：00准时恢复交通。

1.4 全焊接曲线钢-混组合变截面连续钢桁架桥建造关键技术

某桥梁由主桥及两侧引桥组成，全长626.1m。其中主桥位于道路平面圆曲线（$R=1000m$）及道路竖曲线（$R=5750m$）上，与道路定测线夹角为68.6°，全长236m，跨径分别为73m、90m、73m（图1-31）。

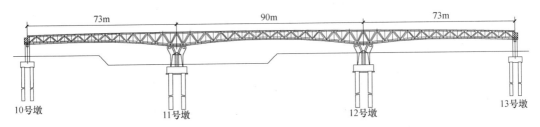

图1-31 某钢桁架主桥纵断面图

主桥下部结构形式为钻孔灌注桩基础，承台，墩柱。支座采用摩擦摆锤式盆式橡胶减隔震支座。主桥上部结构为变截面连续钢混组合桁架梁梁结构设计（10～13号轴），钢桁架高度为4.0～6.5m，主桁采用整体式节点板，为全焊接钢结构。全桥分两幅，共设8榀钢桁架，桁架之间采用上下弦杆横撑（箱形）和桥面板联系（工字形）进行连接，主桁上下弦杆、斜腹杆均为箱形截面。板底设横向联结系，板底横向联结为焊接组成的工字形截面。主桁架及横撑采用Q345qD钢材，钢桁架采用工厂节段预制，现场在临时支架上拼装的方式建造，全桥临时支架采用钢管柱。

钢桁架上设0.3m厚CF50钢锭铣削型钢纤维补偿收缩混凝土桥面板，混凝土分两次浇筑，第一次浇筑跨中桥面板混凝土，待一次浇筑混凝土强度及弹性模量达到100％且混凝土龄期大于7d后，拆除部分临时支架，第二次浇筑中墩顶桥面混凝土。

1.4.1 工程重点及关键技术

1. 工程重点

（1）桥梁位于道路平面圆曲线及竖曲线上，为空间曲线斜桥，且设计为变截面钢桁架梁，预制、加工难度较大，精度要求高。

（2）主桥为全焊接钢结构，厂内焊缝长度约120000m、现场焊缝长度约27000m，焊缝形式分为全熔透，部分熔透，单面贴角焊，双面贴角焊，焊缝工程量大，钢梁上下悬杆、斜腹杆截面小，焊接难度较大。焊接顺序、纠偏措施及焊缝焊接质量是保证全桥施工质量的重点。

（3）主桥设置30cm厚混凝土桥面板，采用CF50钢锭铣削型钢纤维补偿收缩混凝土现浇，结合本工程钢桁架桥梁的结构特点，桥面板下为8榀钢桁架，无大面积支撑基础面，桥面板模板支撑系统设计时既考虑技术可行、经济合理，又要考虑安拆方便，利于现场操作，因此专项方案的设计尤其是确定合理的浇筑顺序是关键。

（4）主桥位于现况河道内，其中中跨90m位于河道过水断面内，因此临时支架的搭设与拆除设计、钢梁的吊装、沙箱卸载等方案是本工程的难点。

2. 关键技术

（1）空间曲线全焊接钢桁架预制技术。主桥位于圆曲线（$R=1000m$）及竖曲线上（$R=5750m$），每榀桁架每个节段加工尺寸不一，加工精度要求高。通过三维放样、高精度胎架制作、焊接工艺研究、多节段预拼等系列技术研究，保证了空间曲线全焊接钢桁架高精度预制。

（2）桁架节段现场拼装技术。优化吊装方案，采用行走于轨道基础（轨道梁）上的两台龙门吊拼装节段，轨道梁支撑于临时支墩上。该方案可以在汛期施工，具有良好的经济性和安全性。

（3）上横梁焊接。

1）横向焊接顺序

本桥主桁架梁设计为上下行两幅，单幅桥设置 4 榀主桁架，桁架之间采用横梁进行连接。横梁横向焊接顺序按照先中间后两边的原则进行，即先焊接二、三榀桁架之间的横梁，再焊接一、二及三、四榀桁架之间横梁。

2）纵向焊接顺序

横梁的纵向焊接顺序类似于连续梁悬臂浇筑法的施工顺序，即先焊接中墩墩顶位置横梁，然后对称向两边依次焊接横梁。边跨位置由端横梁向边跨跨中依次焊接横梁。

1.4.2 主要施工工艺

1. 钢桁梁制造架设总体方案

钢桁梁桥制作与安装可划分为四个阶段：板单元制作、节段制作、预拼装、桥位施工。钢桁梁节段预制拼装的施工流程如图 1-32 所示。

钢桁梁工厂预制的主要工序为：图纸审核→放样→排板→材料试验→下料→制作胎架→预制板单元（顶板单元、底板单元、隔板单元）→检验→上胎架进行节段组拼→检验→焊接→探伤→大拼总体检测→安装匹配件及吊耳→脱胎架→喷涂→运输→吊装→检测→调整→焊接→检验→补漆喷涂面漆→验收。

2. 钢桁架节段划分

钢桁梁桥采用分节段制造与安装，总体上将每榀钢桁架分成若干个桁架节段，划分依据主要考虑以下三个方面因素：

（1）保证钢桁梁整体受力性能

三跨连续梁最大负弯矩出现在中跨支座处，最大正弯矩出现在跨中区域，分割点应尽量避免内力较大处。

（2）满足车辆运输能力

节段划分后的构件几何尺寸及重量需满足车辆的运载能力，节段长度要满足行走路线上曲线段转弯的要求。

（3）吊装能力

节段划分后构件重量必须满足吊装设备的吊装能力。

3. 空间曲线组装胎架

由于主桥位于道路平面圆曲线（$R=1000m$）及道路竖曲线（$R=5750m$）上，所以

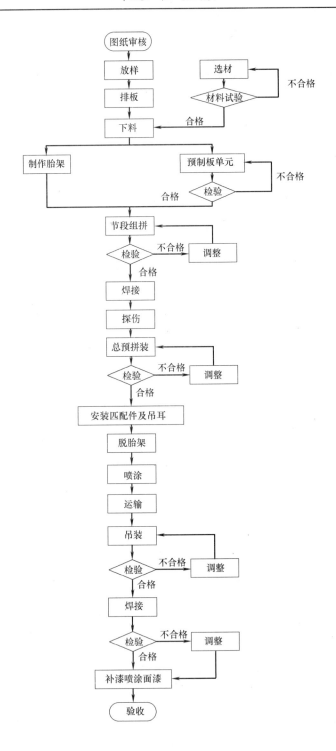

图 1-32　钢桁架阶段预制拼装流程图

线形控制难度大，制作高精度的胎架是实现钢桁梁设计线形的关键前提。

本桥钢桁架加工所用胎架可分成两大类：第一类为制作钢桁架杆件（上弦杆、下弦杆及腹杆等）的胎架；第二类为将杆件组装成钢桁梁节段的组装胎架。

胎架的工作面须形成贴合钢桁架的空间曲线。采用CAD等电脑软件将钢桁架模型平放，对平放状态进行精确放样，利用平面坐标形成竖曲线，利用高差形成平曲线，以此为依据设计各个杆件、节段的胎架模型。

胎架制作时，利用精密测绘仪器进行现场放样，严格按照设计坐标、尺寸组装胎架。

本工程施工预拱度的设置根据以往的施工经验加上采集分析首件节段的数据，最终确定节段制作时施工预拱度数值2cm。

4. 临时支架设计方案

根据地质情况和现场实际施工位置的地面高程，临时支架的基础采用两种形式（表1-4）：①在河道两侧岸滩上的临时支架，采用钢管柱加H型钢纵向分配梁，下部采用加筋扩大基础；②在河道范围内的临时支架，采用钢管柱加工字钢纵向分配梁，下部基础采用帽梁加混凝土灌注桩。

临时支架结构形式统计表　　　　　　　　　　　表1-4

编号	结构形式	适用范围
1	$\phi630\times10$ 钢管柱＋扩大基础($21.5m\times4m\times0.5m$,C20,内配 $\phi12@200$ 底板钢筋),扩大基础顶预埋10mm厚钢板与钢管柱焊接	岸滩范围内的1～3号及14～22号临时支架。
2	$\phi630\times10$ 钢管柱＋帽梁($1m\times1m\times0.5m$,C20)＋混凝土灌注桩 ($\phi800$,C20,$L=15m$,帽梁顶预埋2cm厚钢板,预埋钢板下竖向 $\phi16$ 钢筋,并配 $\phi12$ 水平网片钢筋,桩顶环向配16根 $\phi14$ 钢筋,设螺旋筋采用 $\phi12@150$)	河道范围内的4～13号临时支架

5. 焊接变形控制工艺

（1）焊接工艺流程（图1-33）

本工程钢桥主要采用Q345qD钢板，现场焊接为高空组装焊接，采用手工电弧焊、CO_2 气体保护焊等。现场焊接接头形式为顶板对接焊缝（平焊）、底板对接焊缝（平焊）、腹板对接焊缝（立焊）和嵌补段焊接。

（2）焊接方法和顺序

现场总体焊接顺序：先焊上下弦杆的纵向对接焊缝，节段之间的焊接顺序按照吊装顺序的先后进行焊接（先吊先焊）；上下弦对接焊缝焊完以后再焊斜腹杆与下弦杆顶板的焊缝；最后焊接横梁的焊缝。

上下弦箱体焊接顺序：先焊腹板的对接焊缝（两块腹板同时对称焊接），后焊底板对接焊缝，再焊顶板的对接焊缝，最后焊嵌补段焊缝。

所有一级、二级焊缝自检均委托了有资质的检测单位进行了检测，同时建设单位单独委托了有资质的第三方检测单位按照自检频率的1%进行了抽检，保证了焊缝的施工质量。

6. 合龙段施工

本工程桥梁为三跨连续钢桁架组合结构，桁架节段安装时在每跨设置一个合龙段。为了安装方便，合龙段两侧上弦杆预留嵌补段，保证合龙口上口合龙空间大于下口合龙空间，桁架能从上往下顺利安装。

合龙段安装主要考虑温差及焊接收缩的影响。合龙温度尽量按照设计给出的基准温度

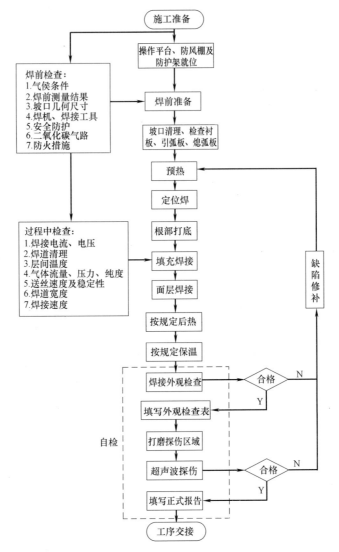

图 1-33　钢桁架现场焊接工艺流程图

（20℃）进行，本工程桁架合龙在 10 月初，合龙时间选择一天最低温度时进行。焊接收缩余量按每个焊口收缩 5mm 考虑。钢桁架节段制作时，在合龙段上预留 10cm 的余量，下弦杆直接预留在桁架节段下弦杆上，上弦杆余量预留在嵌补段上。

　　钢桁架合龙前对合龙口进行监测。在合龙口两侧梁段上布设测量点（测点位置根据监控要求确定），选择风力较小的一天，每间隔 2h 测量一次合龙口间距及相邻箱梁的标高，同时测量大气温度、箱梁内表温度，连续观测 1～2 昼夜。根据实测数据，确定合龙梁段实际长度及合龙时间，切割合龙梁段余量。

　　7. 混凝土面板浇筑施工支架体系

　　本工程主桥位于现况温榆河内，其中主桥 10 号墩—11 号墩及 12 号墩—13 号墩位于现况河道岸滩内，11 号墩—12 号墩桥跨位于现况河道内，桥面板底高程距离现况地面高差约为 11.5m，全桥由 8 榀钢桁架梁组成，钢桁架梁之间设上下横梁，上横梁与桁架梁之间形成单元体。根据现场实际情况，桥面板模板采用两种方案设计：第一种位于现况河道内，桥面板模板采用三角形支架支撑方法施工；第二种位于岸滩内具备支搭排架的范围内，基础处理后采取满堂红排架。

主桥每榀钢桁架上弦杆长 236m，顶宽 110cm，每跨现浇桥面板底模由 740cm×578cm 组成的模板支架单元体组成，横桥向布置 6 个吊模单元体组成，顺桥向根据浇筑位置由 9 个吊模单元体组成，每个吊模单元采用∟80×8 角钢三角形支架对拼作为承重梁。三角形支架上部支点通过直径 24mm 的高强螺栓与钢桁架上弦杆外接 20mm 厚钢板栓接，下支点采用碗扣支架底托与上弦杆侧板进行支撑，三角形支架中间位置利用检修车轨道进行支撑，两个三角形支架顶端采用螺栓连接。顺桥向采用 $\phi48$ 钢管进行连接。单元体三角形支架平行于上横梁布置，翼板位置垂直于上弦杆布置，间距最大为 1m。三角形支架上采用 20cm 宽大板横放，大板间距 0.3m。大板上铺 15mm 的酚醛覆膜竹胶板。

由于本工程混凝土浇筑单元跨距大于 4m，根据相关规范要求，在三角形支架设计中预加 5mm 预拱。

本工程模板支架体系如图 1-34 所示。

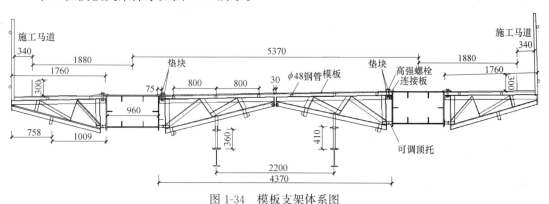

图 1-34 模板支架体系图

8. 现浇钢纤维混凝土面板施工

主桥桥面板混凝土采用 CF50 钢锭铣削型钢纤维混凝土，选用掺拌低合金钢钢锭铣削型钢纤维，每立方米混凝土钢纤维体积率 0.8%，即每立方米混凝土 62.8kg 钢锭铣削型钢纤维。

不同的桥面板浇筑顺序对桥面板和钢主梁应力有着显著的影响，为了减小负弯矩区混凝土桥面板的拉应力而防止其开裂，采用分区段浇筑桥面板的方法，混凝土面板浇筑范围如图 1-35 所示。

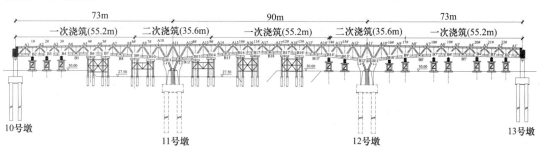

图 1-35 混凝土面板浇筑范围

第一次浇筑桥面板混凝土强度及弹性模量达到100％且混凝土龄期大于7d后，拆除部分临时支架，浇筑中墩顶桥混凝土。

钢纤维混凝土路面采用摊铺机摊铺，辅以人工整平，使用平板振动器振捣成型。为保证边角混凝土密实，将振捣棒顺路线方向插入，振捣持续时间以混凝土停止下沉、不再冒气泡并泛出泥浆为准。

钢纤维混凝土拌合物在浇筑和摊铺过程中严禁因拌合物干涩而加水，但可喷雾防止表面水分蒸发。必须使用硬刻槽方式制作抗滑沟槽，不得使用粗麻袋、刷子和扫帚制作抗滑构造。钢纤维混凝土路面的养护应符合现行行业标准《公路水泥混凝土路面施工技术规范》JTG/T F30 的规定。

1.4.3 质量控制要点

（1）采用先进技术，投入精良设备，高标准建设好该工程。测量采用控制测量技术，保证测量精度。

（2）在混凝土结构施工中，模板采用钢模板，桥梁墩、台采用大块钢模板。模板、支架均经过设计加工，牢固安全。

（3）严格把好材料关。本工程所需的原材料、设备一律从正规厂家购进，只采用国家认证合格的产品或业主推荐使用的合格产品。

地产材料的品质符合国家现行标准。材料进场后经二级及以上资质等级的试验单位进行复检试验合格后使用，不合格材料坚决不用。

（4）支架和临时支座施工阶段：主要从地基处理、支架搭设和临时支座安放三个方面进行，在支架搭设前必须进行验算，确保满足承载力要求，临时支座安放完毕后，重新测量放线，精确量测标高，在支架上划出每节钢梁的纵、横向位置边线。拼装阶段，采用测量仪器对轴线、标高进行精确测量，检查调整，合格后方可进行焊接连接。

1.4.4 安全控制要点

（1）电工、焊工、起重工、起重机司机和各种机动车辆等特殊工种人员，必须经过专门培训，考试合格发给操作证后方可独立操作。

（2）正确使用个人防护用品，进入施工现场必须戴安全帽，着工作服，穿工作鞋，凡不符合安全要求的着装禁止进入施工现场。在没有安全可靠的防护设施的高空施工，必须系安全带。

（3）距地面2m以上的作业属高空作业，在施工中要有防护措施。施工中应尽量避免上下交叉作业，如确实需要则应采取隔离措施，否则禁止工人在同一垂直方向工作。

（4）安全帽安全带安全网等防护用品应符合国家有关标准，要有合格证。在施工过程中要经常检查，并定期抽查、试验，不合格的严禁试验。

（5）施工现场的洞、坑、沟等危险处，应有防护措施和明显标志，与工程无关的洞、坑、沟应及时填平。

（6）施工现场的脚手架、防护设施、安全标志和警告牌，不得擅自拆卸和移动，需要拆卸移动的，要经质安工程师同意。

（7）施工现场要有交通指示标志，危险地区悬挂"危险"或"禁止通行"标牌，夜间设置红灯示警。

（8）工地内架设的用电线路，应按当地电业局的规定办理，施工现场内的配电箱、应按有关的规定、布置安装。

（9）现场的一切电气设备、机具的接线以及线路的架设应由专职电工进行，其他人员不得擅自拉线、接线。

（10）大型构件的吊装必须要有经核准的吊装方案，吊装应严格按方案进行操作，现场如有大的变更，应作补充方案报原方案核准方核准。吊装前要对作业班组人员进行详细的技术与安全交底。起吊前要经起重责任工程师等人员检查无误，并同意起吊后方可开吊。

（11）吊装前要仔细检查索具是否符合规定要求，所有起重指挥及操作人员必须执证上岗，合理安排作业区域和时间，避免直线垂直交叉作业。

构件起吊时应慢速均匀离开平板车或地面。起重吊钩应在重心的正上方，起钩后构件不作前后、左右摆动。检查钢绳受力状况，几根钢绳应均匀受力。吊钩要求具有防跳绳装置，无排绳打搅现象。构件吊点应牢固，无滑落现象。起钩由地面人员指挥，塔机操作员应仅听从地面的专职人员指令。起钩速度应缓慢，施工人员不得站在被起吊的构件上。

（12）构件起重不能在空中自由任意摆动。构件吊运通道应无障碍物，施工人员不得站在构件运动方向和下方，塔吊安装区域，不得有人停留或通过。

（13）每层外围构件拉挂立网，"四口"设护栏、挂安全网，设醒目标志，用红白小旗绳圈转围。架板要按规定铺设牢靠，不得出现翘头。焊接提供作业平台，周围设防护栏杆，增加安全感，减少安全设施的重复搭设，为安全施工提供方便，所有设置在高空的设备、机具，必须放置在指定的地点，避免载荷过分集中，并要绑扎，防止机器工作中松动。电焊作业平台搭设力求平稳、安全。

1.5　多层异形桥梁及建筑结构交叉快速施工关键技术

1.5.1　工程概况

某立交桥工程由 2 条主线桥和 9 条匝道桥组成。其中 B1 匝道桥第四联箱梁为异形板预应力混凝土变截面直腹式箱梁，桥面为四方向交叉口，外形呈十字形，四周为 4 个交接墩，分别为 B1P8、B1P10、B2-1P6、B2-2P0，共计 4 跨，跨径组合为 31.66m＋33m＋38.71m＋33.74m，异形梁东北向宽度 71.8m，南北向 80m，箱梁高度 2.5m，混凝土浇筑总方量 2718.3m³，总投影面积 1793.8494m²。其下方 BRT 车站东西向 15.6m，南北向 62m，面积 967m²，异形梁顶面距玻璃幕墙顶高度 4.9m，玻璃幕墙顶距主桥路面高度 5m，主桥路面高度距 BRT 场平高度 9m，S2 匝道桥距 BRT 场平高度 1.7m。受限空间多层建筑空间关系如图 1-36 所示。

1.5.2　工程重难点

（1）有限空间多个建筑结构分层交叉施工。在长 80m，宽 71.8m，高 21.4m 山岭空间内排布 5 个建筑结构，施工区域狭小，环境复杂。施工空间为 4 层分布，需要同时进行

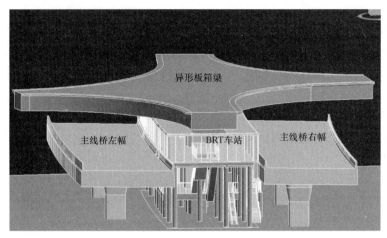

图 1-36　受限空间多层建筑空间关系图

交叉施工，造成施工过程中相互之间产生很大影响。

（2）地质条件复杂。桥区所处地区地质多为淤泥质土、泥岩，遇水浸泡后强度大幅降低，排架基础承载力达不到要求。

（3）排架优化难度大。异形箱梁排架与 BRT 车站主体结构在空间位置上产生冲突，箱梁排架的优化难度大，排架形式需采取多种组合。

（4）排架拆除困难。异形板箱梁与 BRT 车站结构完成后，钢管柱、贝雷梁以及排架的拆除存在困难。

（5）箱梁混凝土浇筑技术要求高。异形板箱梁混凝土方量大，采用一次性浇筑难度高。

该立交桥工程 B1 匝道桥第四联异形板箱梁施工，异形板位置由上至下共计 4 层桥梁结构，包括 B1 异形板箱梁、BRT 公交站、主线桥左幅和右幅箱梁及 S2 匝道桥。其中主线桥左幅和右幅箱梁为预制小箱梁，需采用架桥机架设，其他箱梁为现浇预应力钢筋混凝土结构。桥区施工空间为 4 层分布，需要同时交叉施工，施工工序必须合理安排。混凝土现浇结构的排架系统需要避让既有建筑结构，并且排架的基础应满足承载力要求。城市基础设施的建设越来越向立体空间发展，面临的受限空间交叉施工的问题会越来越凸显，对此类工程问题的研究具有一定的先进性和前瞻性。

多层建筑结构在受限空间同时交叉施工研究的关键问题是工序的合理安排和各类受力计算的可行性研究。在此类施工条件下开展工程建设，不能合理地安排施工顺序，会导致无法继续进行工程建设，产生返工甚至需要拆除已经修建好的工程，造成巨大的浪费和损失。混凝土现浇工程的模板排架体系需要灵活布置，巧妙组合，既要避让已经修建好的建筑结构，又要满足基础承载力的要求。因此，必须对整体施工部署进行精心筹划，并应用 BIM 技术进行过程模拟，做到万无一失。

1.5.3　主要施工工艺

1. 支撑体系方案比选

项目部技术管理人员围绕实现异形板箱梁支撑体系的目标，集思广益、献计献策，提出了 4 种实施方案：

方案一，满堂碗扣式排架；方案二，满堂盘扣式排架；方案三，钢管柱＋贝雷梁；方案四，满堂排架＋钢管柱＋贝雷梁组合式排架。

针对以上 4 种方案的优缺点，采用综合评定的方法进行分析，分析结果如下：

方案一，满堂碗口式排架。

主要方法为基础软质土体换填，浇筑基础混凝土，搭设碗口排架。优点为简单、方便、快捷，成本低；缺点为基础处理方量大，地势起伏处需设置台阶式挡墙，排架搭设位置与 BRT 车站结构冲突，影响车站的施工。因此，该方案不适合。

方案二，满堂盘口式支架。

主要方法为基础土体换填，浇筑基础混凝土，搭设盘扣排架。优点为安全可靠，搭设快速，方便拆卸；缺点为排架位置与车站位置冲突，排架搭设在主线桥上，堵塞施工道路。因此，该方案不适合。

方案三，钢管柱＋贝雷梁。

主要方法为基础软质土体换填，浇筑基础混凝土，支立钢管柱，架设贝雷梁。优点为不影响下部车站结构施工，保证施工道路畅通。缺点为保证车辆通行的净空，采用不加强型贝雷梁，验算挠度值超过规范要求，不安全。因此，该方案不适合。

方案四，满堂排架＋钢管柱＋贝雷梁组合式。

主要方法为基础土体换填，浇筑基础混凝土，搭设满堂排架，支立钢管柱，架设贝雷梁，贝雷梁上部搭设碗扣排架。优点为不影响下部车站施工，保证施工道路畅通，降低施工安全风险。缺点为钢管柱拆卸存在困难，排架与钢管柱基础处理工程量较大。

从多个方面综合考虑，传统的排架方案无法满足现场施工的 4 项要求，因此确定最佳的支撑体系方案为方案四——钢管柱支撑体系组合式排架方案。最终确定的钢管柱支撑体系组合式排架方案系统如图 1-37 所示。

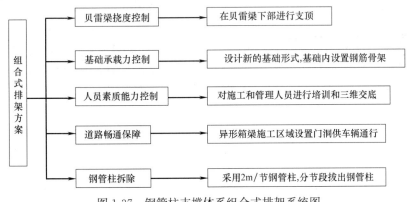

图 1-37　钢管柱支撑体系组合式排架系统图

该组合式排架方案的整体思路为以下几个要点：

（1）B1P8 至主线桥左幅区域，采用满堂碗扣支架形式。

（2）跨主线桥左幅、BRT 车站、主线桥右幅区域，采用钢管柱贝雷梁形式，贝雷梁上方为碗扣支架。

（3）主线桥右幅至 B1P10 区域，采用满堂碗扣支架形式。

（4）B2-1P6 至 S2 匝道桥范围采用满堂碗扣支架形式。

（5）B2-2P0 至钢管柱贝雷梁区域采用满堂碗扣排架。

（6）在主线桥右幅桥梁上设置 5m 宽、5m 高门洞供车辆通行。

排架总体布置如图 1-38、图 1-39 所示。

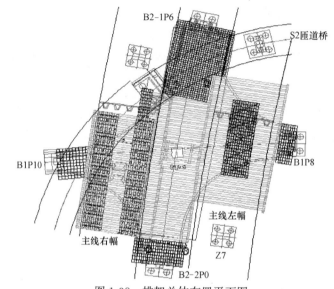

图 1-38　排架总体布置平面图

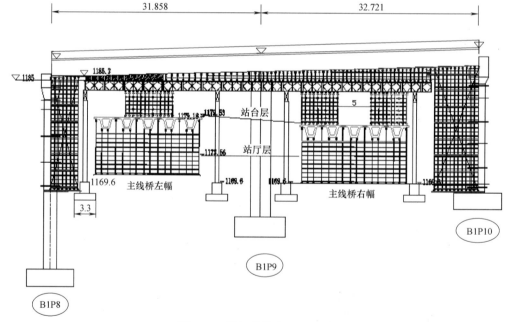

图 1-39　排架总体布置立面图

2. BIM 碰撞试验

排架方案的确定后，钢管柱的位置与邻近结构物的位置关系是否发生冲突，该方案的实施采取何种工序安排可以将相互交叉施工的影响降至最低，同时如何将方案完整清晰地对管理人员和施工人员进行交底，明确方案意图和施工重点是最关键性问题。BIM 技术以其特有的碰撞检查功能和三维可视化交底功能，能够完美地解决这些难题。因此利用 BIM 技术，运用 Revit 建模软件建立异形箱梁位置多层桥梁和组合式排架方案的 BIM 模型，并利用 Navisworks 软件对多层结构施工步序进行动态模拟和筛选，制定最优化、最合理的施工计划（图 1-40、图 1-41）。

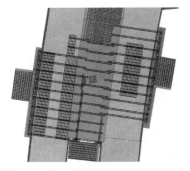

图 1-40　钢支撑体系排架模型平面图

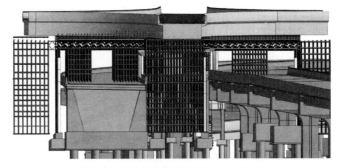

图 1-41　钢支撑体系排架模型示意图

模拟整个工程的施工过程，并制定科学的施工方案。

通过漫游和施工动画，对施工人员进行三维交底和施工指导，达到可视化交底目的，保证工序衔接顺畅。

BIM 结构模型建立完成后，导入 Navisworks 软件中进行碰撞试验检测。碰撞检测主要包括钢管柱与 BRT 车站结构的碰撞、满堂排架与邻近结构的碰撞。

钢管柱与 BRT 车站结构碰撞结果（图 1-42～图 1-44）。

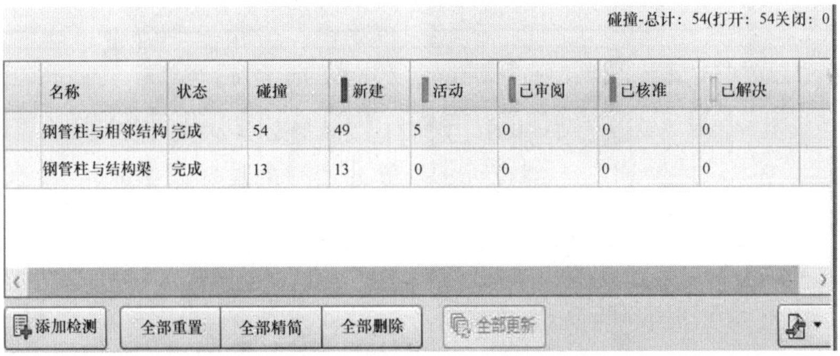

碰撞-总计：54(打开：54 关闭：0)

名称	状态	碰撞	新建	活动	已审阅	已核准	已解决
钢管柱与相邻结构	完成	54	49	5	0	0	0
钢管柱与结构梁	完成	13	13	0	0	0	0

添加检测　全部重置　全部精简　全部删除　全部更新

图 1-42　钢管柱与 BRT 车站结构碰撞结果

图 1-43　钢管柱与楼板碰撞结果

图 1-44　钢管柱与结构梁碰撞结果

经过碰撞检测后生成碰撞报告后发现，钢管柱与 BRT 车站结构共发生碰撞点 54 个，在组合式排架方案当中，钢管柱数量共计 88 根，其中 41 根钢管柱需要穿越 BRT 站台层楼板。13 根钢管柱与 BRT 车站结构梁发生碰撞冲突，若在钢管柱拆除后对结构梁进行修补，会破坏结构梁的受力状态，影响到结构梁的整体受力安全，因此基于受力安全性考虑，将与结构梁发生碰撞的钢管柱在空间位置上进行挪移，避开结构梁。

调整以后，与 BRT 站台层楼板发生碰撞冲突的钢管柱数量共计 54 根。为保证钢管柱的拆除方便，决定采用直径为 630mm、2m/节的钢管柱进行拼装（图 1-45）。

满堂排架与邻近结构碰撞结果如图 1-46、图 1-47 所示。

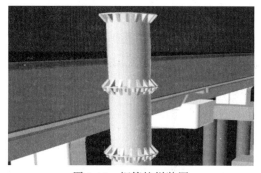

图 1-45　钢管柱拼装图

名称	状态	碰撞	新建	活动	已审阅	已核准	已解决
满堂排架与相邻结构	完成	1	1	0	0	0	0

图 1-46　满堂排架与邻近结构碰撞结果

图 1-47　满堂排架与 BRT 结构碰撞结果

满堂排架与邻近结构的碰撞发生位置位于靠近 B2-1 匝道桥 P6 墩柱位置处,该处的部分满堂排架与 BRT 车站北侧主体结构发生空间上的碰撞冲突,如图 1-47 所示。

此项问题的解决方案为调整施工工序,将 BRT 车站主体结构分两部分进行施工,先施工 BRT 车站南侧主体结构,搭设满堂排架,待异形箱梁施工完成后拆除满堂排架,再进行 BRT 车站北侧主体结构的施工。

根据碰撞检查的结果和现场施工资源的调配情况,最终确定异形箱梁区域多层结构交叉施工工序:

架设主线桥预制小箱梁→主线桥桥面混凝土铺装→B1P9 墩柱施工→BRT 车站下部结构施工→钢管柱基础施工→钢管柱拼装→贝雷梁架设→BRT 车站结构施工→S2 匝道桥结构施工→满堂碗扣排架搭设→异性板箱梁施工→满堂排架拆除→贝雷梁拆除→钢管柱及基础拆除→剩余站厅层楼板浇筑→楼板预留洞室修补。

施工工序最终确定后,将施工工艺制作成三维动画的视频模式,模拟施工过程,对管理人员和施工人员进行三维动态技术交底,将方案的意图和重点注意方向等信息清晰、明了地进行传达,将复杂部位的工序进行可视化、透明化展现,更加利于设备材料的进场、劳动力配置、机械排班等的安排经济合理,从而加强对施工进度和施工质量的严格控制(图 1-48～图 1-63)。

图 1-48　架设主线桥预制小箱梁

图 1-49　主线桥桥面混凝土铺装

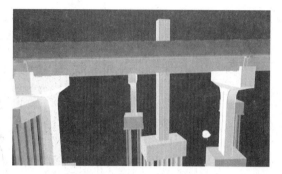

图 1-50　B1P9 墩柱施工

图 1-51　BRT 车站下部结构施工

图 1-52　钢管柱基础施工

图 1-53　钢管柱拼装

图 1-54　贝雷梁架设

图 1-55　BRT 车站结构施工

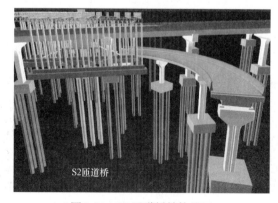

图 1-56　S2 匝道桥结构施工

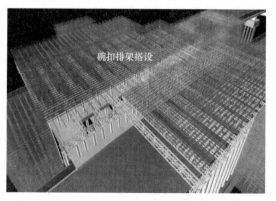

图 1-57　满堂碗扣排架搭设

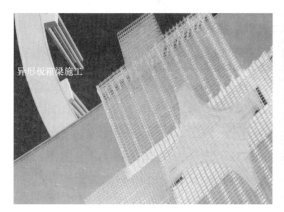

图 1-58　异形板箱梁施工

图 1-59　满堂排架拆除

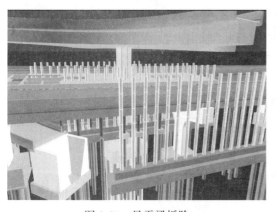

图 1-60　贝雷梁拆除

图 1-61　钢管柱及基础拆除

图 1-62　剩余站厅层楼板浇筑

图 1-63　楼板预留洞室修补

3. 排架基础处理

满堂碗扣排架基础处理：

（1）首先保证桥梁承台基坑回填土密实，满足支撑架搭设的基础密实度要求；基础处理宽度为桥面投影面宽加两侧向外各扩大 2m。

（2）支架基础范围内地表土清表并整平，填筑山皮石，填筑高度根据现场情况而定。填筑每30cm一层，并采用压路机分层压实处理；压实度大于等于95％（重型击实）。承台上方覆土50cm以内用蛙式夯夯实，覆土高度达到50cm以上用压路机压实。若基础为淤泥土，清除淤泥至原状土后换填山皮石。

（3）基础填筑到位后，支架基础地基承载力通过钎探测定，须大于300kPa，如承载力大于300kPa，铺筑15cm厚C15商品混凝土基础，基础内加设ϕ12钢筋网，间距@15×150，钢筋网距C15混凝土层顶面5cm。铺筑完成后进行养生，确保基础不发生沉陷。

（4）若基底为岩层，将场地平整后，采取铺筑15cm厚C15商品混凝土基础，基础内加设ϕ12钢筋网，间距@15×150，钢筋网距C15混凝土层顶面5cm。

（5）排架搭设场地排水通畅，不应存在积水，排架基础两侧纵向设置排水沟，防止雨水浸泡支撑架基础，排水沟尺寸为：高×宽＝40cm×40cm。排水沟采用C15混凝土浇筑，厚度8cm。

钢管柱基础处理：

因钢管柱位置现况为回填软土地质，回填土较厚，采用抛石挤淤方法工程量较大，工期长。因此为保证钢管柱基础的承载力，将钢管柱基础设计为品字形，下部采用C30毛石混凝土浇筑，宽度3.3m，高度1.6m；上部采用C30钢筋混凝土浇筑，宽度1.5m，高度1m，内设钢筋骨架，钢筋直径为16mm，间距15cm。钢管柱基础形式如图1-64所示。

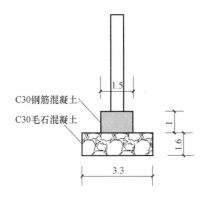

C30钢筋混凝土
C30毛石混凝土

注：图中尺寸均为m

图1-64　钢管柱基础图

（1）测量队进行支架搭设位置放线，基础处理宽度两侧各超出条形基础1m。

（2）基坑开挖，确保承载力大于400kPa；后浇筑1m高、1.5m宽C30钢筋混凝土。

（3）若基础开挖后承载力小于400kPa，需进行基础处理，基底处采用石块拍实挤密，浇筑1.6m高、3.3m宽C30毛石混凝土，毛石含量为20％，上方浇筑1m高、1.5m宽C30钢筋混凝土。

（4）条形基础上钢管立柱位置打8根ϕ18高强度膨胀螺栓，螺栓长20cm，将地脚螺栓全部锚固连接。

（5）基础四周设置临时排水沟，防止积水浸泡支架基础。

4. 异形箱梁混凝土浇筑

B1匝道桥第四联箱梁为异形板预应力混凝土变截面曲腹式十字箱梁，桥面为四方向交叉口，外形呈十字形（图1-65）。四周为4个交接墩，分别为B1P8、B1P10、B2-1P6、B2-2P0，异形板中心处固结承重墩B1P9，桥梁共计4跨，跨径组合为31.66m＋33m＋38.71m＋33.74m，箱梁高度2.5m。全桥采用C55商品混凝土，总方量2670m³，总投影面积1793.85m²，其中B1P9固结墩上方为实心混凝土，总方量103m³，重量256t。

普通预应力箱梁混凝土浇筑按照竖向分层、从低向高、对称浇筑的原则进行。混凝土从低向高进行浇筑，每跨按照底板→腹板→顶板顺序进行浇筑。浇筑连续进行，如因故必须间断时，其间断时间应小于前层混凝土的初凝时间。

因该箱梁为异形十字箱梁，由固结柱受力分析可知完全按照普通箱梁浇筑准则无法保证异形梁浇筑的安全施工。现场施工时首先将固结墩柱上方实心处（1 区域）螺旋浇筑至梁高 3/4，后按照对称浇筑的原则分别向两侧对称延伸，先浇筑南北向后浇筑东西向，箱室及腹板浇筑完毕后统一浇筑箱梁顶板。

浇筑顺序如图 1-66 所示。

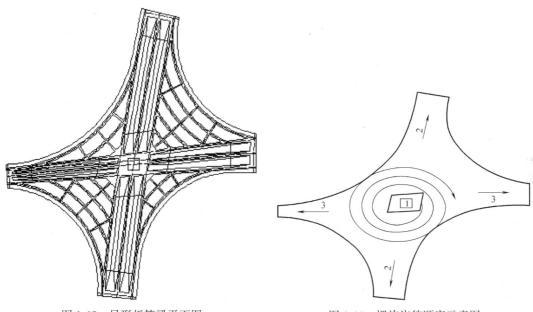

图 1-65　异形板箱梁平面图　　　　　　图 1-66　螺旋浇筑顺序示意图

5. 异形箱梁支撑体系拆除施工

为保证在支撑体系拆除时不影响主线桥上施工车辆的通行，需要更改原吊车吊装贝雷梁的方案，变更后的吊装方案要保证吊装贝雷梁的安全性，也应该保证吊装时桥面施工车辆的通行要求。

（1）先拆除贝雷梁上的碗扣排架，再拆除主线桥左右幅上的碗扣排架，碗扣排架拆除支撑架拆除遵循先支的后拆、后支的先拆的原则。先拆除剪刀撑，之后从顶层开始，先拆横杆，后拆立杆，逐层往下拆除，禁止上下层（阶梯形）同时拆除（图 1-67）。

（2）拆除横桥向贝雷梁，贝雷梁拆除时采用两台挖掘机进行吊装拆除，挖掘机吊装贝雷梁时在位于主桥上的吊装区域内铺上从箱梁上拆卸的废弃模板，避免挖掘机行走时对桥面造成损伤。拆除桥梁从小桩号方向向大桩号方向进行吊装拆除，拆除过程中在主线桥左右幅分别安排安全员和技术人员对贝雷梁吊装时平稳性进行评估，如贝雷梁有倾覆风险则暂停施工，经调整后方可再次进行。

6. BRT 车站洞室修补技术

根据最终确定的异形箱梁钢管柱支撑体系方案，有部分钢管柱穿越楼板，为不影响其他位置的楼板钢筋绑扎和楼板混凝土浇筑，需要在 BRT 车站楼板施工时预留出孔洞（图 1-68）。待上部异形箱梁施工完成，拆除 2m/节钢管柱后，对车站预留洞室进行封堵，恢复楼板完整结构，并且不能影响到楼板的整体受力安全。

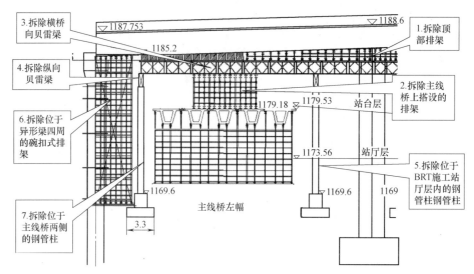

图 1-67　支撑体系拆除顺序

图 1-68　楼板预留洞示意图

BRT 楼板结构厚度为 120mm，配筋形式为双皮双向 $\phi10$ 钢筋，间距 150mm。

由于钢管柱的存在，导致该位置处楼板钢筋不连续，在修补洞室时需要考虑：①钢筋连接后的强度应大于等于钢筋未断开时的抗拉强度；②钢筋焊接长度，单面焊焊缝长度不小于 $10d$，双面焊焊缝长度不小于 $5d$（d 为钢筋直径）；③楼板预留洞室尺寸应满足施工作业空间需求，能保证钢管柱顺利拆卸。

根据以上要求，确定 BRT 车站楼板预留洞室封堵技术方案如下：

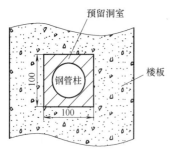

图 1-69　楼板预留洞室示意图

（1）由于现场所使用的钢管柱直径为 630mm，为保证施工作业空间，每根钢管柱位置预留的洞室采取矩形形式，尺寸为 1m×1m，如图 1-69 所示。

（2）为保证洞室修补钢筋连接强度满足要求，洞室修补钢筋采用比原设计型号大一号的直径 12mm 钢筋进行连接，连接方式采取焊接。

（3）由于现场作业空间狭小，双面焊施工无法实现，因此采取单面焊接形式，焊缝长度不小于 12cm（图 1-70）。

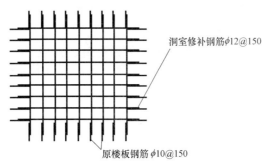

洞室修补钢筋φ12@150

原楼板钢筋φ10@150

图 1-70　洞室修补钢筋连接示意图

（4）楼板预留洞室混凝土浇筑前，对已经浇筑完成的楼板结构进行凿毛处理，清除结构表面浮浆并露出骨料，经凿毛处理的混凝土表面应用水冲洗干净，将表面清理干净后再浇筑洞室混凝土，以便新旧混凝土能够结合牢固。

1.5.4　工程实施效果及主要创新点

1. 工程实施效果

本工程多层桥梁结构交叉施工计划工期90d，采用该项技术创新成果后，实际施工只用时63d，节省工期27d。在规定工期内保质保量保安全完成了异形箱梁的施工任务，赢得各参建单位和兄弟单位的一致好评，邻近标段的兄弟单位莅临观摩排架的施工过程，并给予了高度评价。通过观摩和讨论，其他标段项目部技术人员将改方案进行改良和优化，应用到了各自的项目中，解决了与本工程相似的施工难题，实现了组合式排架的推广作用。

由于该区域空间狭小，环境复杂，涉及多个结构同时交叉作业，此类复杂工程在国内罕见。针对这一技术难题，课题组在充分消化、吸收国内外相关技术经验基础上，综合运用工程类比、工程计算、BIM技术、现场试验等方法和手段，在多层结构施工工序安排、箱梁排架形式设计与排架拆除等方面取得了较大创新，获得成果如下：

（1）研发了一套受限空间多层、多维度结构施工组织及关键技术。

（2）采用动态化、信息化、可视化技术，为施工安全、风险管控、科学管理建立体系并优化施工工艺。

（3）应用BIM技术，优化了施工流程和资源配置，解决了受限空间结构多层交叉施工碰撞难题，规避了异形梁、组合式排架与已完成相邻建筑结构的交叉影响，提高了施工效率。

（4）对箱梁排架基础和排架形式、多种排架组合及排架拆除进行研究，发明了一种多层桥梁结构的排架装置及交叉施工方法。

本项目的成功实施，解决了受限空间多层建筑结构交叉施工这一普遍存在的工程问题，BIM技术的成功应用，为同类项目的实施提供了可供借鉴的创新性思路。该研究成果转化为生产应用，创造直接经济效益巨大，值得大面积推广。

2. 主要创新点

本节依托立交桥工程，针对地质复杂、场地狭窄、施工干扰等特点，开展了受限空间多层互通立交异形结构修建综合技术研究，主要技术创新点如下：

（1）研发了受限空间条件下多层空间结构模架体系。

（2）提出并实施了异形箱梁大体积混凝土螺旋浇筑方法。

（3）应用BIM技术，优化了施工流程和资源配置，解决了受限空间结构多层交叉施工碰撞难题，规避了异形梁、组合式排架与已完成相邻结构的交叉影响，提高了施工效率。

1.6 富水软弱地层明挖后覆水大断面隧道建造技术

1.6.1 依托工程情况

某道路改造工程主线下穿隧道总长760m，采用明挖法施工，其中，暗埋段闭合框架长350m，两端敞开段共长410m。隧道暗埋段标准段结构最大宽度达39.9m，基坑开挖深度14.05m（局部泵房处17.2m）（图1-71）。

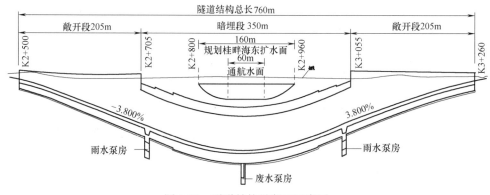

图1-71 隧道结构纵断面示意图

本隧道工程地处海陆交互相沉积形成的软土地层范围内，该地层具有高含水量、大孔隙比、高压缩性及高灵敏度等特性，此外还有残积的砂质黏性土及全风化岩、强风化岩，其主要特征是浸水易溃散、崩解，使承载力迅速降低，基坑开挖时容易形成流泥、流砂，对基坑开挖有较大的影响。

本工程所在区域属亚热带季风气候，年均降水量约1638.5mm，最大降水量可达2000mm。雨季的开始日期在3月下旬，结束期在9月底，长达半年多。雨季的降水量占年降水量的81%。

1.6.2 方案比选

富水软弱地层明挖隧道基坑围护结构常用的方案主要有：钻孔灌注桩＋止水帷幕、地下连续墙、SMW工法桩等。

明挖隧道基坑支护结构常用的方案有内支撑和外拉锚两类形式，其中内支撑有钢支撑、钢筋混凝土撑等形式，外拉锚有拉锚和土锚两种形式。

本工程对基坑围护支护方案进行比选。

1. 基坑围护方案比选

（1）方案 1：SMW 工法桩

一般 SWM 工法桩中三轴水泥土搅拌桩的直径采用 650mm、850mm、1000mm，内插的型钢采用 H 型钢。本工程结合隧道深度和地质情况，根据不同深度的基坑，采用不同直径的三轴水泥搅拌桩，直径 650～1000mm。

（2）方案 2：地下连续墙

常规地下连续墙作为基坑围护结构墙宽 800～1200mm，本工程设计墙深 18～33m，采用 C35 混凝土。

主体围护结构采用 1200mm/1000mm 地连墙＋内支撑的围护形式，地连墙嵌入底板深度 1.5～3.5m，地连墙外部隔一层 ϕ850@600 三轴搅拌桩机进行槽壁加固，地连墙外部格栅加固。

端头井段采用 1000mm 厚地下连续墙，标准段采用 800mm 厚地下连续墙。

（3）方案 3：钻孔灌注桩＋止水帷幕

钻孔灌注桩作为支护桩，在基坑开挖深度 3.0～14.4m 区段采用，依据基坑深浅区域不同并结合地质条件，采用 ϕ800@1000、ϕ1000@1200、ϕ1200@1400、ϕ1200@1350 等的桩径和布置组合形式，桩长 18～33m，采用水下 C30 混凝土。

选取典型基坑断面进行围护结构计算分析，该处基坑深度为 14.40m，采用 ϕ1200@1350 钻孔灌注桩作为支护桩，桩长 32m。经计算，围护结构水平位移为 23.79mm，满足小于 0.2%H 且不大于 30mm（H 为基坑开挖深度）的一级基坑要求；基坑稳定性验算结果为：整体稳定性安全系数 K_s＝1.878＞1.35，坑底抗隆起安全系数 K_b＝5.383＞1.8，以最下层支点为轴心的圆弧滑动稳定安全系数 K_r＝2.37＞2.2，均满足要求。

止水帷幕采用 ϕ850@600 三轴搅拌桩，其中，K2＋650～K3＋110 段基坑西侧采用双排三轴搅拌桩止水帷幕，其他区段均为单排三轴搅拌桩止水帷幕。依据基坑深度及地质情况，三轴搅拌桩桩长 11～33m。

（4）方案对比

通过各围护方案的基坑变形、基坑稳定性、施工成本进行分析，汇总为表 1-5。

围护结构方案对比汇总表　　　　表 1-5

方案名称	基坑变形	基坑稳定性	成本	优缺点	结论
SMW 工法桩	大	差	低	优点：强度大，止水性好，经济性好。 缺点：基坑变形较大	不采用
地下连续墙	小	强	高	优点：刚度大，强度大，基坑变形小，隔水性好。 缺点：造价高	不采用
钻孔灌注桩＋止水帷幕	小	强	较高	优点：刚度大，基坑变形小，止水性好，对周边地层、环境影响小，经济性较好。 缺点：成本略高	采用

通过以上分析，本工程基坑围护结构采用钻孔灌注桩＋止水帷幕的方案。

2. 基坑支撑结构方案比选

深大基坑施工时，根据基坑所在地地质水文情况、基坑深度和基坑周边环境情况，基坑支撑结构通常采用外拉锚和内支撑两种方式。

（1）方案1：外拉锚

外拉锚施工工艺简单，工程造价低，由于没有内支撑，极大地方便了挖土施工。但由于本基坑深度较深，环境复杂，外拉锚支撑控制变形较差。隧址区土质以淤泥质土为主，锚杆在这些土质中成孔难度较大，且软土地层中锚杆的抗拔承载力不足。因此，外拉锚不适合用于本基坑的支撑体系。

（2）方案2：内支撑

内支撑一般有钢支撑和钢筋混凝土支撑，也可采用钢或钢筋混凝土混合支撑。钢支撑安装、拆除施工方便，可周转使用，支撑中可加预应力，可调整轴力而有效控制围护墙变形；施工工艺要求高，如节点和支撑结构处理不当或施工支撑不及时、不准确，会造成失稳。钢筋混凝土支撑布置形式灵活，混凝土结硬后刚度大、变形小，强度的安全、可靠性强，施工方便，但支撑浇制和养护时间长，围护结构处于无支撑的暴露状态的时间长，软土中被动土压区土体位移大，施工工期长，拆除困难。

1）采用钢支撑

钢支撑采用安装快捷的钢管支撑（$\phi 609 \times 16$），钢管支撑横向间距为3m，竖向间距3m。根据基坑深度设置1～5道钢支撑。以基坑最深段K2+850-K2+880基坑为例，考虑不同工况，对基坑进行抗倾覆稳定性验算：最小安全$K_s = 1.261 > 1.250$，满足规范要求，但安全系数较低，抵御不可预见风险差，该方案不建议全面采纳。

2）采用钢筋混凝土撑

钢筋混凝土支撑断面采用800mm×800mm，混凝土为C35，支撑横向间距为9m，首道撑与第二道撑竖向间距3～4.5m，其他撑之间竖向间距3m。根据基坑深度设置1～4道钢筋混凝土支撑。以基坑最深段K2+850-K2+880基坑为例，考虑不同工况，对基坑进行抗倾覆稳定性验算：最小安全$K_s = 1.867 > 1.250$，满足规范要求，但钢筋混凝土支撑施工周期长、成本高、使用后产生的建筑渣土较多，不利于节能环保，该方案不建议全面采纳。

3）采用钢与混凝土的混合支撑

第一道支撑采用刚度大的钢筋混凝土支撑，可较好控制基坑周边土体的侧向位移，以便为隧道主体结构施工提供安全的空间，支撑断面为800mm×800mm，混凝土为C35，支撑横向间距为9m，与第二道支撑竖向间距2～4.5m；第二至第五道支撑采用安装快捷的钢管支撑（$\phi 609 \times 16$），便于施工及节约工程，钢管支撑横向间距为3m，竖向间距3m，根据基坑深度设置1～4道钢支撑。以基坑最深段K2+850～K2+880基坑为例，考虑不同工况，对基坑进行抗倾覆稳定性验算：最小安全$K_s = 1.559 > 1.250$，满足规范要求，并综合考虑了施工安全、工期和成本，该方案被采纳。

1.6.3 主要施工技术

1. 不对称止水帷幕技术

一般的明挖隧道沟槽，平面形状呈狭长矩形，沟槽两侧的地层条件比较类似，所以通常明挖隧道沟槽的止水帷幕一般采用对称设计。

（1）止水帷幕不对称方案研究

本工程隧道条形基坑西侧距海边仅25m，东侧以村庄鱼塘为主，两侧水文地质条件相差较大，如采用常规止水帷幕形式，工程两侧如果采用相同的止水帷幕方案，则施工工期长、资源消耗大、工程成本高。经过分析对比，基坑围护结构止水帷幕拟采用两侧分别设计的不对称止水帷幕实施方案，在水文地质条件比较差的基坑西侧采用双排三轴搅拌桩止水帷幕，水文地质条件比较好的基坑东侧采用单排三轴搅拌桩止水帷幕（图1-72）。

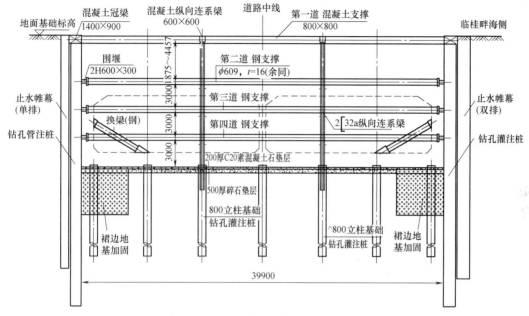

图 1-72 不对称止水帷幕布置示意图

（2）沟槽变形分析

1）沟槽水平位移和围护桩变形

① 沟槽水平位移

本沟槽工程的三轴搅拌桩裙边加固采用连续施打工艺，止水帷幕施工采用套接一孔法工艺，桩径 $\phi 850$，水泥采用42.5级普通硅酸盐水泥，水灰比为1.5～1.8，水泥掺入量为20%，要求水泥28d无侧限抗压强度不小于1.0MPa。本工程水泥掺入比为20%，其值大于15%，取其 $f_{cu}=2.0$MPa，则 $E=110\times2=220$MPa。取 $E=220$MPa，则计算结果如下：

西侧水泥搅拌桩参数如下：抗弯刚度 EI 约为 5.589×10^2kN·m²；抗拉刚度 EA 约为 3.19×10^5kN，搅拌桩的泊松比取为0.15。

东侧水泥搅拌桩参数如下：抗弯刚度 EI 约为 1.126×10^2kN·m²；抗拉刚度 EA 约为 1.87×10^5kN，搅拌桩的泊松比取为0.15。

对截面进行了数值分析（图1-73），其结果如下：

右侧为沟槽临水侧，右侧土性较差，淤泥层比左侧厚，渗流作用导致沟槽右侧的土性质较差。因此，右侧采用双排水泥搅拌桩，无论排数还是长度都比左侧大。从图中可以看出，沟槽两侧变形比较相似，说明采用双排桩效果比较明显。右侧最大位移比左侧稍大，尤其是围护桩底部位移将近55mm，说明右边临水侧水的渗流作用还是比较明显的，就算沟槽右侧止水帷幕参数优于沟槽左侧，其变形仍然比左侧要大。

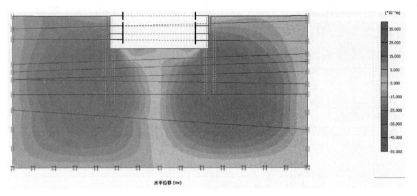

图 1-73　位移变形云图

② 围护结构变形

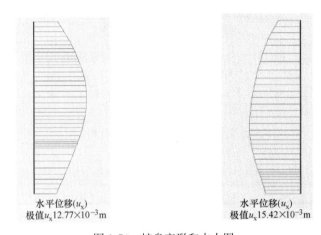

水平位移(u_x)　　　　　　　　水平位移(u_x)
极值u_x12.77×10^{-3}m　　　　极值u_x15.42×10^{-3}m

图 1-74　桩身变形和内力图

　　图 1-74 为沟槽开挖至 4.0m 时钻孔灌注桩的深层水平位移图，可以看出两侧围护桩变形相似，左侧为背水侧，当开挖至 4.0m 时，围护结构最大水平位移为 12.77mm；右侧为临水侧，水文性质差于左侧，地下水渗流作用将使围护结构水平位移略大于左侧，开挖至 4.0m 时，右侧钻孔灌注桩的最大位移为 15.42mm。右侧深层水平位移最大值比左侧略大。

　　2）渗流场模拟

　　土的渗透性及渗流，与土体强度、土体变形问题一样，是土力学中主要的基本课题之一，并且土的渗透性和土中渗流对土体的强度和土体变形有着重要影响，土木工程建设中的不少工程事故都与土中渗流有关，因此，正确分析渗流对土木工程的影响非常重要。在软土地区开挖沟槽时，沟槽工程的渗流问题已经引起了广泛关注，但由于沟槽工程的复杂性以及开挖卸载和坑内外水头差的共同作用引起沟槽工程渗流场的复杂性，使得目前对沟槽工程的渗流问题研究还不深入，目前国际上关于渗流作用下边坡稳定性的分析方法发展较快，已经可以采用有限元强度折减法进行分析计算，尤其是 PLAXIS 有限元程序对于这方面有较好的适用性。应用 PLAXIS 有限元程序采用有限元强度折减法，进行了渗流作用下的边坡稳定性分析，沟槽开挖前进行潜水位的生成，沟槽开挖后进行稳态渗流的计算。渗流参数如表 1-6 所示。

土层名称	渗透系数(m/d)
①杂填土	0.3
②-1 淤泥	0.01
②-2 淤泥质土	0.01
②-4 贝壳	0.8
④-1 全风化花岗混合岩	0.5
④-2 强风化花岗混合岩	0.8
④-3 中风化花岗混合岩	0.3

土层渗透系数表 表 1-6

沟槽按开挖至 4.0m、7.0m、10.0m 和 13.0m 进行渗流模拟，渗流场模拟如图 1-75～图 1-78 所示。

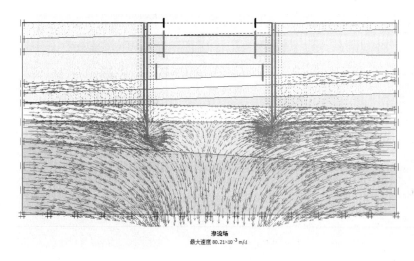

图 1-75 沟槽开挖至 4.0m，渗流场最大速度 0.08m/d

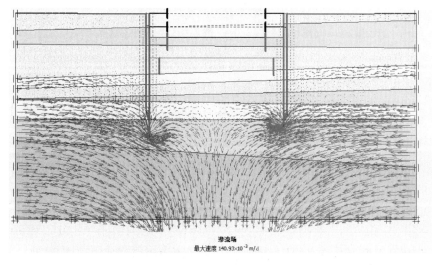

图 1-76 沟槽开挖至 7.0m，渗流场最大速度 0.14m/d

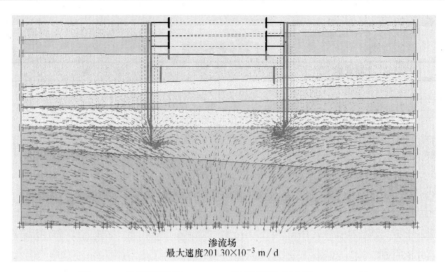

图 1-77　沟槽开挖至 10.0m，渗流场最大速度 0.201m/d

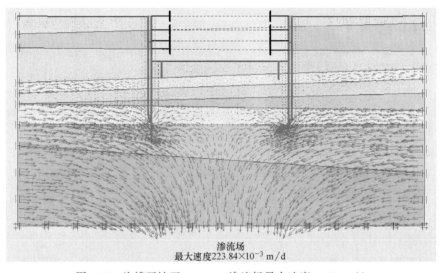

图 1-78　沟槽开挖至 13.0m，渗流场最大速度 0.224m/d

依据渗流模拟绘制沟槽开挖深度和渗流速度的曲线（图 1-79）。

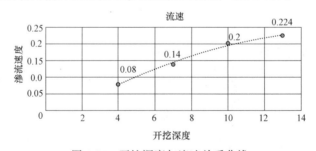

图 1-79　开挖深度与流速关系曲线

从图 1-79 可以看出，流速的最大值发生在止水帷幕的下方附近，沟槽开挖至 4m 时，最大流速为 0.08m/d，开挖至 7m 时，最大流速为 0.14m/d，流速增加比较大，沟槽开挖至 10m 时，流速为 0.2m/d，开挖至 13m 时，流速为 0.224m，流速增加放缓。随着沟槽开挖深度的增加，沟槽止水帷幕下方附近的渗流速度也增加，发生危险的可能性也在增加。

从前面数值分析可以看出在沟槽东边远离水侧，止水帷幕均为单排设计，在西侧邻近桂畔海侧沟槽暗埋段均采用双排设计，部分敞开段采用单排设计。两侧桩长及排数均有所不同。沟槽两侧水文条件不同，根据沟槽每一侧的水文地质条件分别进行设计，沟槽两侧的变形相似，围护结构的水平位移控制较好，这样做能合理使用材料减少浪费，使得设计更加具有科学性和经济性。

2. 大截面条形基坑开挖与支护技术

条形基坑开挖应遵循"分段分层、由上而下、先支撑后开挖"的原则，本工程基坑开挖采用大截面明挖条形基坑 W 形开挖支护施工方法。

（1）工艺原理

大截面明挖条形基坑 W 形开挖支护施工综合考虑基坑安全、环境因素、施工便利等因素，采取竖向分层、纵向分段，分层与支撑设置相协调，分段与支撑安装相衔接的原则，将基坑开挖、基坑排水、施工便道和基坑支护综合考虑、合理设置和组织。

在采用内支撑支护结构的大截面条形基坑开挖时，从基坑土方开挖开始到挖至基底前，每一层挖方后基坑底部均保持 W 形横断面形式，基坑支撑安装与土方开挖交替进行。在基坑横断面中部和两侧预留较高的土体，中部高处土体作为纵向施工便道，基坑两侧靠近围护结构的高处土体作为围护结构反压土和坑壁喷锚施工平台，临时代替内支撑；三处高处间的较低区域用于基坑地表水及雨水的汇集和排放，在基坑纵向低点（一般利用低点泵井处）设置排水点，安放满足基坑排水需求的排水泵，进行基坑地表水明排。这样的基坑开挖方式，既能保证基坑围护结构稳定安全，又能降低施工便道受降雨的影响，还能保证基坑排水的顺畅。

（2）工艺流程及主要操作要点

1）基坑开挖前具备的条件

完成基坑围护结构及格构柱施工，完成冠梁及第一道钢筋混凝土支撑施工，支撑混凝土的强度达到设计及规范要求。

基坑监测点及监测设施安装完毕，经过验收，并取得前期监测数据。

在基坑土方开挖前不少于 20d 开始进行基坑内降水，土方开挖时，基坑内的水位已降至不影响第一层土方开挖。

后续施工所需要的设备设施已经进场或已经落实到位。

2）基坑土方开挖与支护施工工艺流程及操作要点

土方开挖由基坑纵向中间（基坑最深处）向两侧分层分段开挖，开挖过程始终保持每层开挖完的基坑横向断面呈 W 形。

第一层土方开挖，分段开挖，每段横向由中间向两侧开挖，开挖后的土方横断面呈 W 形；中间高处为下一层土方开挖施工便道，宽度不小于 5m，距第一道钢筋混凝土支撑不小于 4.5m；施工便道两侧排水低处，下底宽度不小于 1m，比施工便道顶面低 1m 左右；两侧高处比第一道钢筋混凝土支撑低 3m 左右，尽量不要超过第二道支撑位置，宽度不小于 3m；高低处之间的坡度要保证剩余土体稳定，经计算确定，如图 1-80 所示。

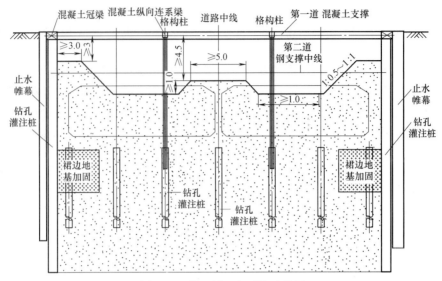

图 1-80　第一层土方开挖示意图

中间层土方开挖，分段开挖，每段横向由两侧向中间开挖，开挖后的土方横断面呈W形；两侧高处挖至下一道钢支撑中线位置下 0.8～1m 的位置，宽度不小于 5m；挖完一侧土方，立即进行该侧基坑围护结构墙面处理和围檩安装；中间施工便道区域挖至下一步需要安装钢支撑中心线以下不小于 4m 的位置，宽度不小于 5m；三处高处间的排水低处，底宽度不小于 1m，比中间施工便道顶面低 1m 左右；高低处之间的坡度要保证剩余土体稳定，经计算确定；该段土方开完成后，安装钢支撑。依次循环，完成中间层土方开挖和基坑支护施工，如图 1-81 所示。

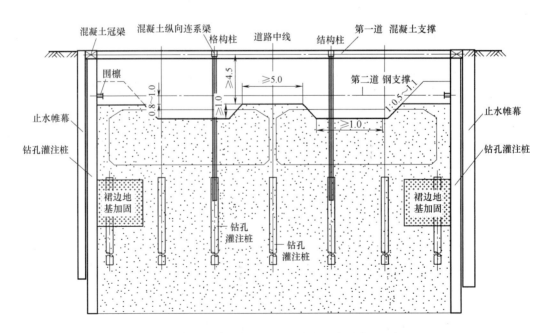

图 1-81　中间层土方开挖及支护示意图（一）

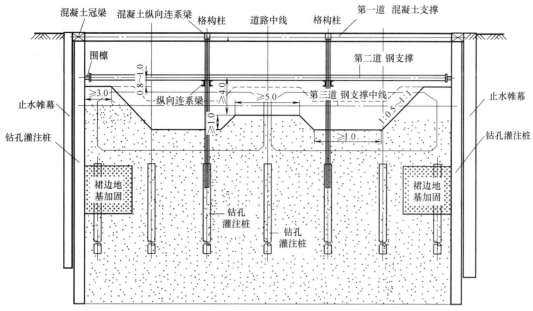

图 1-81 中间层土方开挖及支护示意图（二）

最后一层，分段开挖，每段横向由两侧向中间开挖，一次挖至基坑设计开挖底面。挖完一段，进行最后一道钢支撑安装，然后，进行基底处理和隧道施工。

基坑开挖过程做好基坑监测工作，按照设计及规范要求的基坑监测项目及频次展开基坑监控与量测工作。

3. 抗拔桩与结构底板连接方法

因该路段的地下水位高程相对较高，U 形槽及闭合框架采取抗浮措施，本项目抗浮措施采取抗拔桩方案。

（1）传统嵌入式连接方法

传统的桩头防水施工方法经实践表明能比较好地解决桩头防水问题，但一般桩顶进入底板 10cm 左右，桩顶与底板地层钢筋冲突，需调整桩顶处底板底层钢筋位置，不利于此处钢筋发挥抗拉作用；同时，施工工序较复杂，不利于工程质量的控制，也影响施工进度（图 1-82）。

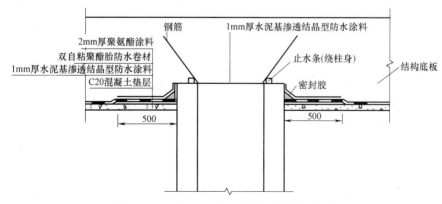

图 1-82 传统抗拔桩与结构底板连接示意图

（2）下裹式连接方法

将桩顶控制在距离结构底板下表面 1/4 桩径处，避免桩顶与底板底层钢筋的冲突，尽可能地发挥底板底层钢筋抗拉作用；底板在抗拔桩附近向下呈倒圆台（方台）形延伸，将桩顶一定范围包裹起来，如图 1-83 所示。

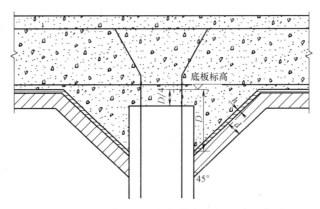

图 1-83　下裹式抗拔桩与结构底板连接示意图

施工要点：

进行桩头处土体施工，将桩头处的土体沿着桩周身以 45°的倾角斜挖出一个倒圆台体，因为倾角为 45°所以设计挖深为 $D+\sqrt{2}(d+h)$，斜挖到结构底板下表面标高以下 $D+\sqrt{2}(d+h)$ 处，斜挖出的面即为倒圆台的侧面。

进行垫层施工，桩头处垫层以 45°倾角进行施工，其厚度为 d。

桩头截除，将桩头截除至结构底板下表面标高以下 $D/4$ 处，并清理基层，将基层杂物、尘土、灰渣，清扫干净，基层验收合格。

进行底板防水施工，混凝土浇筑前进行底板防水的施工，与垫层施工类似，桩头处的防水以 45°倾角进行施工，如图 1-83 所示，其厚度为 h。

进行绑扎钢筋施工，绑扎结构底板钢筋，将抗拔桩桩头处的纵向受力钢筋与结构底板主筋以焊接的方式相连接。

进行混凝土浇筑工程，将结构底板与桩头处的混凝土共同浇筑形成一个统一的整体。

从上面的施工方法看出，桩头处防水施工不需要进行止水条、止水带及密封胶施工等复杂的施工程序，只需采用同底板下其他部分同样的防水材料和施工程序即可，防水施工沿着桩身以 45°倾角进行，具有施工合理性和施工便利性。

4. 模块化模板支架施工技术

模块化模板支架快速施工工法，不需将满堂支架全部拆除，仅需拆除各个支架相连接的部分杆件，将支架拆分为若干个单元，并在各单元支架的前后端扫地杆下各布置一个轮式行走机构，在预设的轨道上定向行进，轮式行走机构通过扣件与满堂支架的立杆或水平杆连接固定在一起；之后用钢丝绳将子支架与卷扬机相连接，通过卷扬机拉动支架移动行至预定位置，各模块进行重新调整并连接加固，重新形成整体满堂支架。

（1）模块化模板支架设计

根据满堂支架整体方案将模架单元进行合理划分，模架单元平面尺寸一般控制在 8～

10 个立杆步距，步距一般为 0.6～0.9m，如图 1-84 所示。

（2）模架单元搭设

模架单元搭设前，按照施工方案计算每一模架单元的拟定位置，由放线人员在施工作业面上弹线定位，经复核无误后方可搭设支架。

将可调底座和垫板准确地放置在定位线上，底座的轴心线与地面垂直。

按照先立杆、后横杆、再斜杆的顺序逐层搭设。

支架立杆应竖直放置，2m 高度立杆的垂直度允许偏差不得超过 15mm。总高垂直度偏差不得大于架高的 1/200。

底层纵、横向水平杆作为扫地杆，距地面高度不得大于 350mm，如果大于 350mm，

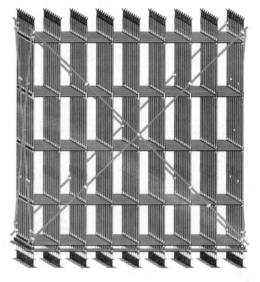

图 1-84　模架单元示意图

需在底层纵、横向水平杆下方加设扫地杆，扫地杆与立杆用直角扣件连接，纵向扫地杆在上，横向扫地杆紧靠纵向扫地杆的下方。

模架在搭设过程中，要随搭设随控制架体垂直度和水平度。

单元架体立杆、横杆安装完成后，经检查立杆垂直度符合规范要求，将上碗扣锁紧后，按设计方案安装竖向剪刀撑和水平剪刀撑，使模架单元形成一个独立、完整的单元架体。

在立杆顶端安装托托撑，并调整托撑高度，使其顶端高程符合使用要求。

（3）模架单元验收

模架单元架体搭设完毕后，检查单元架体的搭设质量，立杆的垂直度、上碗扣锁紧情况、扫地杆的设置情况、剪刀撑的设置安装情况等，确认单元架体符合模板支架的专项方案及相关要求后，方可进行后续施工。

（4）模架单元连接

相邻的两个模架单元搭设完毕并验收合格后，连接两个模架单元，如图 1-85 所示。

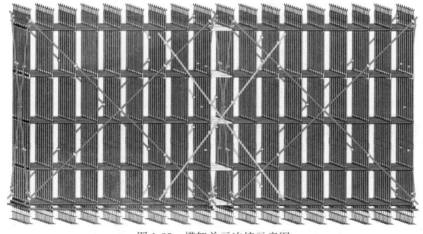

图 1-85　模架单元连接示意图

　　首先，用水平杆件将两个相邻的模架单元连接起来，并拧紧上碗扣。遇有无法用碗扣式横杠连接的，可采用扣件式杆件连接，连接时用扣件连接到立杆上。

　　然后，在两个模架单元连接的整体架体连接处的外立面安装竖向剪刀撑，竖向剪刀撑连接每个模架单元架体不少于3排立杆。

　　按照上述的顺序，逐步将所有单元架体连接成一个整体的满堂支架。

　　（5）满堂支架验收

　　满堂支架搭设完毕后，进行满堂支架的检验与验收。

　　检查立杆底座与基础面是否接触良好，有无松动或脱离情况。

　　检查立杆的垂直度、全部节点上碗扣锁紧情况、扫地杆及剪刀撑的设置安装情况等，确保支架整体牢靠及稳定性。

　　采用扭力扳手检查扣件螺栓是否拧紧，不合格的必须重新扣紧，直至合格为止。

　　如有需要，按照专项方案和规范要求进行架体预压试验。

　　待所有检查、监测及试验合格后方可进行后续施工。

　　（6）满堂支架使用

　　满堂支架搭设验收合格后，可以进行后续施工。

　　按照施工顺序依次进行模板安装、钢筋安装、混凝土浇筑及养护。

　　模板安装要按照专项方案实施，先安装底模，然后进行钢筋的安装，待钢筋安装检验合格后，再安装侧模。

　　钢筋安装要符合设计及规范要求，钢筋的连接也要符合相关规范要求。

　　混凝土的配合比要符合设计及规范要求，混凝土采用泵送浇筑，混凝土浇筑过程中按要求留置混凝土性能检验试块和同条件养护试块。

　　待混凝土强度符合设计及规范要求后方可进行后续施工。

　　（7）满堂支架拆分

　　混凝土强度符合设计及规范要求后进行满堂支架拆除作业。

　　架体拆除按施工方案设计的顺序进行。

　　1）模板拆除

　　从架体一端，按顺序进行模板拆除作业。

　　首先，拆除混凝土结构侧面模板。

　　其次，松动托撑，让横纵肋下移，轻微撬动模板，使模板逐渐与混凝土结构底面相离。

　　最后，将模架单元间的模板、纵横肋等分开，分别留在各自的模架单元上或拆除下来。

　　2）单元架体间连接拆除

　　模架单元间的模板及纵横肋拆除后，进行单元架体间连接构件的拆除。

　　首先，拆除模架单元架体间的连接剪刀撑。

　　其次，拆除模架单元架体间的连接水平杆件。

　　最后，清理地面影响模架单元架体移动的模板、方木、拆下的架体杆件及其他障碍物，或者将这些物品堆至架体移动作业区外。

　　（8）模架单元转移使用

模架单元间的连接杆件拆除后，可给单元架体安装移动装置，进行架体移动作业。

1）安装移动装置

移动装置经过提前设计和加工，主要有移动拖车、槽钢轨道、钢丝绳和卷扬机等。

提前将卷扬机固定在预定的位置。

移动拖车采用8号槽钢立面焊接制作，车体为长方形，其平面尺寸略小于支架步距的尺寸，高度低于扫地杆距底面的距离，以便于安装。拖车滑轮采用重型滑轮滚轮。

先在移动拖车轮子位置安放槽钢轨道，只在行进方向前排的移动拖车下安放槽钢轨道。

将移动拖车安放在单元支架纵、横向从外向内第二步内，前排的移动拖车的轮子放在已放好的槽钢轨道内。

按已设计好的连接方案将移动拖车与单元架体连接，并将移动拖车上已设计好的所有钢管与架体扫地杆件用十字扣件连接。

转动调节螺母松动可调底托，让单元架体全部落在四个移动拖车上，并用钢丝将可调底托固定在底层水平杆或扫地杆上，让底托离开底面，不影响模架单元架体的移动。

用一根合适长度的钢丝绳将模架单元架体前面的两个移动拖车连接起来，将钢丝绳向前拉，使钢丝绳与架体间的夹角大于45°，将此根钢丝绳与卷扬机的钢丝绳连接，并预紧。

检查架体、移动拖车、槽钢轨道、钢丝绳、卷扬机及连接情况，均符合要求后方可进行架体移动。

2）单元架体移动

架体、移动拖车、槽钢轨道、钢丝绳、卷扬机之间的连接检查符合要求后进行架体移动。

在架体移动过程中，安排专人指挥架体移动，并安排人员配合架体移动。

启动卷扬机，让卷扬机低速运转，拉动模架单元架体缓慢向前移动，直到移动到下个指定位置。

模架单元架体移动到指定位置后，检查架体位置的准确度，安排人员进行细致调节，使架体位置符合施工方案要求。

3）移动装置拆除及架体检验

模架单元架体准确就位后，关闭卷扬机，松开钢丝绳的连接。

从架体一个方向开始，顺序松开架体的可调底托固定钢丝，转动调节螺母，单元架体逐渐升高，使架体逐步离开移动拖车。

将单元架体与移动拖车的连接拆除，取出移动拖车，用于下一模架单元架体移动使用。

拆除移动拖车后，检查架体的垂直度、水平度、上碗扣锁紧情况，对不符合要求的进行调整，使模架单元架体符合规范要求。

待下一相邻的模架单元架体移动到位，将两个单元架体前面模架单元架体按要求进行连接，并重复后续工作。

5. 结构防水

隧道防排水遵循"防、排、截、堵相结合，因地制宜，综合治理"的原则，结构防水主要做好防水混凝土、防水隔离层、施工缝、变形缝等的施工。

（1）防水混凝土

1）混凝土防渗

隧道防水首先提高混凝土自防水性能，防水混凝土的抗渗等级符合设计要求。

通过调整和控制混凝土配合比各项技术参数的方法来提高结构混凝土的抗渗性能，防水混凝土施工配合比设计符合下列规定：

① 每立方米混凝土中水泥和矿物掺加总量不宜小于 320kg。

② 砂率为 35%～45%。

③ 水灰比不得大于 0.55。

④ 掺加引气剂的混凝土含气量控制在 3%～5%。

⑤ 防水混凝土采用预拌混凝土，缓凝时间 6～8h。

2）大体积混凝土

大体积混凝土结构温控防裂技术是防水混凝土的重点控制之一，大体积混凝土从控制混凝土的水化升温、延缓降温速度减小混凝土收缩、提高混凝土的极限拉伸强度、改善约束条件和设计构造等方面考虑采取如下措施：

① 采用低水化热水泥，通过掺入粉煤灰、硅粉、磨细高炉碴粉中的两种或三种掺料代替水泥，控制水化热升降温速度。

② 改善约束条件，削减温度应力。采取分层浇筑混凝土，每层厚度为 30～50cm，合理设置水平或垂直施工缝。

③ 降低混凝土入模温度，选择较适宜的气温浇筑混凝土，避开炎热天气，骨料进行覆盖或设置棚架，混凝土在运输过程中也要架设遮阳设施，以降低混凝土入模温度，必要时采取措施降低水温能有效降低混凝土的温度。掺加相应的缓凝型减水剂，提高混凝土的综合性能。

④ 加强施工中的湿度控制，在混凝土浇筑后，采用土工布覆盖保湿养护。采取长时间的养护，按规定养护时间不应少于 14d，规定合理的拆模时间，延长降温时间和加快降温速度，充分发挥混凝土的应力松弛效应。加强测量和温度监测与管理，随时控制混凝土内的温度变化，混凝土中心温度与表面温度差值不应大于 25℃，混凝土表面温度与大气温度的差值不应大于 20℃，及时调整保温及养护措施，使混凝土的温度梯度（不得大于 3℃/d）和湿度不至过大，以有效控制有害裂缝的出现。

3）混凝土施工及养护

① 混凝土入泵坍落度控制在 120～160mm，入泵前坍落度每小时损失值不应大 20mm，坍落度总损失值不应大于 40mm。

② 入模温度不得大于 28℃且不小于 12℃，混凝土浇筑后，底板混凝土最高温度小于等于 70℃、其他部位温度小于等于 65℃（在夏季）。混凝土中心温度与表面温度差值不应大于 25℃，混凝土表面温度与大气温度的差值不应大于 20℃。

③ 浇筑侧墙时，其倾落的自由高度不应超过 1.5m。

④ 防水混凝土拌合物在运输后如出现离析，必须进行二次搅拌，当坍落度不能满足施工要求时，应加入原水灰比的水泥浆或二次掺加减水剂进行搅拌，严禁直接加水。

⑤ 确保混凝土搅拌均匀，浇筑过程中宜连续浇筑，振捣要密实，但不能过振、漏振，

混凝土拆模应满足有关施工规范要求。

⑥ 对于底板和顶板，应在终凝前多次收水抹光，混凝土必须采用保温保湿养护，养护时间不少于 14d，养护水应符合混凝土拌合水的标准。

⑦施工期间为控制混凝土收缩产生的纵向应力，可采取加强结构的纵向钢筋、控制入模温度、加强混凝土振捣及养护、及时回填等措施。

⑧ 保证到场混凝土质量，设立专门的督察人员和检查机制。

（2）防水隔离层

防水隔离层以铺贴双自粘聚酯胎防水卷材（4mm 厚）为主。

1）防水隔离层施工工艺

基层表面清理→细部节点处理→铺贴自粘防水卷材→卷材搭接封边→保护层施工

2）防水隔离层施工要点

基层要求必须平整牢固，不得出现突出的尖角、凹坑和表面起砂现象，表面应清洁，自粘卷材防水层施工对基层含水率不做要求，但不得有积水。

阴阳角应做成 50mm×50mm 水泥砂浆倒角或半径为 50mm 的圆弧，转角及特殊地方要增设 1～2 道防水材料加强层。

在粘贴卷材时，应随时注意与基准线对齐，以免出现偏差难以纠正，卷材铺贴时，卷材不得用力拉伸，粘贴时随即用压辊从卷材中部向两侧滚压怕排出空气，使卷材粘贴牢固在基层上，卷材背面搭接部位的隔离纸不得过早揭掉，以免污染粘结层或误粘。

收头、固定、封闭，相邻两边卷材的短边接头应相互错开 1500mm 以上，以免多层接头重叠而使得卷材粘贴不平。

施工过程临时收头，采用专用的密封胶做好临时封闭，卷材在立面无凹槽收头时，用金属条固定，再用密封胶将金属条上口和固定螺钉密封。

（3）施工缝

施工缝以水平纵向施工缝为主，主要留在侧墙与底板之间和侧墙与顶板之间。施工缝防水措施主要有：施工缝混凝土接触面净浆或混凝土界面处理剂、涂抹水泥基渗透结晶型防水涂料、30～50mm 厚 1∶1 水泥砂浆、中埋式钢板止水带、聚氨酯密封胶及预埋注浆管等，如图 1-86 所示。

1）施工工艺

纵向水平施工缝：施工准备→镀锌钢板止水带→聚氨酯密封胶预埋→安装全断面注浆管→另一侧混凝土浇筑。

2）施工要点

在施工接头处按图纸设计要求设置施工缝。

设置镀锌钢板止水带（30cm×4mm）及聚氨酯密封胶。混凝土浇筑前将表面浮浆和杂物清除，然后铺设净浆或涂刷混凝

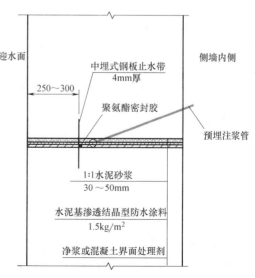

图 1-86 侧墙纵向水平施工缝构造示意图

土界面处理剂、水泥基渗透结晶性防水涂料等，再铺 30～50mm 厚 1∶1 水泥砂浆，并及时浇筑混凝土。

施工时确保钢板止水带安装位置正确，并加以固定，如发现偏移等情况应及时处理。

对施工缝处浇筑混凝土时应加强振捣，以改善此部位混凝土密实度。

通长预埋全断面注浆管，供运营期间发生渗漏时使用。

（4）变形缝

隧道横向以变形缝为主，暗埋段横向变形缝间距为 30m，敞开段变形缝间距为 25m。

1）变形缝设计

顶板变形缝：不锈钢接水盒＋嵌缝胶＋中埋式钢边橡胶止水带＋聚氨酯防水涂层＋油毡隔离层＋1∶2.5 水泥砂浆（20mm 厚）＋细石混凝土保护层（50mm 厚）＋细石混凝土（250mm 厚）。

除按照顶板变形缝做法施工底板和边墙变形缝以外，底板和边墙变形缝还在衬砌背后增加一条背贴式止水带。

侧墙变形缝：不锈钢接水盒＋嵌缝胶＋中埋式钢边橡胶止水带＋背贴式橡胶止水带＋双自粘聚酯胎防水卷材（4mm 厚）＋抗渗微晶水泥砂浆（20mm 厚）。

底板变形缝：双自粘聚酯胎防水卷材（4mm 厚）＋细石混凝土保护层（50mm 厚）＋背贴式橡胶止水带＋中埋式钢边橡胶止水带＋嵌缝胶。

变形缝处防水构造如图 1-87 所示。

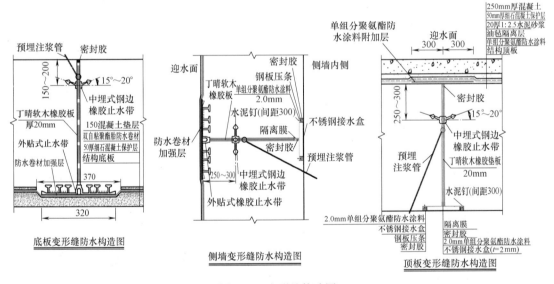

图 1-87　变形缝构造图

2）变形缝施工

① 变形缝施工工艺流程

施工准备→安装外贴式橡胶止水带→预埋钢边橡胶止水带→安装丁晴软木橡胶板→预埋安装全断面注浆管→主体混凝土浇筑→PE 隔离层放置、高模量聚氨酯密封胶嵌缝完成。

② 施工要点

在主体结构施工时提前埋设橡胶止水带，将橡胶止水带隔离膜揭掉与防水卷材粘结好固定并加以保护，在附属结构施工需凿穿主体结构混凝土时，应注意保护橡胶止水带。

在混凝土浇筑前预埋中埋式橡胶止水带进行加强防水，两侧设置好剪力筋。

在变形缝处安装丁晴软木橡胶板。

密封胶嵌缝前，确保缝两边构件无蜂窝、麻面、裂口等缺陷并清除槽内浮渣、尘土、积水，必要时用树脂砂浆修补。

止水带部位的混凝土确保振捣密实，以保证变形缝部位的防水效果。

通长预埋全断面注浆管，供运营期间发生渗漏时使用，施工期间施工单位不能使用。

变形缝设置的外贴式橡胶止水带，至侧墙顶部用低模量聚氨酯密封胶封闭。

变形缝中设置的钢边橡胶止水带，以遇水膨胀腻子包裹其端头。在一侧混凝土浇筑前，以厚度为 10mm 的遇水膨胀腻子块包裹止水带端头的一半截面，腻子块超出钢边橡胶止水带端部 5mm，然后浇筑混凝土；另一侧混凝土浇筑前，以同样的遇水膨胀腻子块包裹余下的止水带端头截面，然后浇筑混凝土。

1.6.4 工程效益

本技术提出了适用于富水软弱地层大断面明挖基坑 W 形槽施工方法与工艺，保障基坑工程的安全，提高施工效率；研发了可移动模块化模板支架体系，缩短了满堂支架转用拆搭时间；提出了抗拔桩与结构底板连接结构及施工方法，有效解决了桩顶与结构底板底层钢筋冲突、防水及钢筋锈蚀问题；优化了隧道结构防水技术。

1. 经济效益

（1）采用不对称止水帷幕技术

采用这一不对称止水帷幕技术可在有效解决隧道基坑止水问题的同时降低施工成本，可节约费用 455 万元。

（2）采用可移动模块化支架技术

采用可移动模块化支架施工方法可节省 50% 左右的架体拆除、转运和再搭设的时间，同时所需人工数量也节省 30% 左右。本工程共有 12 仓暗埋段隧道，根据工期要求配备了 6 套满堂红支架，采用可移动模块化支架，节约施工成本 35 万元。

2. 社会效益

随着社会的发展濒江、濒水基坑越来越多，而偶发的基坑坍塌事故也时时给我们敲响着警钟，如何保证此类工程的基坑安全、节约能源消耗、降低环境污染是我们工程建设者考虑的问题。本工程在建设过程中，针对工程所处的气候水文地质环境、周边危险环境因素等，采取了一系列建造技术的应用研究，保证了施工过程的安全，为类似工程积累了一定的工程建造经验。

本工程的顺利建成，有效缓解了该区域的交通压力，周边交通拥堵现象得到有效疏解。

1.6.5 主要创新点

（1）适用于富水软弱地层的大断面明挖基坑 W 形槽型施工技术，该技术的核心技术"一种基坑内土体开挖与马道布置的施工方法"取得了国家发明专利，专利号 ZL 2017 1 0060601.5；该技术的主要施工方法"大截面明挖条形基坑 W 形开挖支护施工工法"被评为北京市工程建设工法。

（2）可移动模块化模板支架体系，该技术的主要施工方法"模块化模板支架快速施工工法"获北京市工程建设工法。

（3）抗拔桩与结构底板连接结构及施工工艺，该技术的核心技术"一种基坑抗拔桩与结构底板的防水连接结构"取得了国家实用新型专利，专利号 ZL 2017 2 0101423.1；"一种基坑抗拔桩与结构底板的防水连接结构的施工方法"取得了国家发明专利，专利号 ZL 2017 1 0060574.1。

（4）富水地区隧道后覆水结构防排成套技术。

1.7 三元桥快速改造施工关键技术

交通拥堵是最难解决的大城市病之一，尤其是北京这样的超大城市，集政治、经济、文化等多种功能于一身，人口稠密，车辆拥堵，交通超负荷运行。北京市属的桥梁绝大部分服役期在 15～40 年之间，受自然环境、交通重负等多因素影响，结构存在不同程度的损坏，部分桥梁已不适应日益增长的交通需求，改造势在必行。已往进行的桥梁改造由于受到严重的交通制约，效果不太理想，从一定程度上限制了首都交通的进一步发展。目前桥梁改造施工遇到的最大问题已经不再是桥梁结构本身，而是如何避免因施工造成的拥堵，以及如何在有限的时间内保证施工质量。为解决桥梁更换与社会交通之间的矛盾，迫切需要一种桥梁快速改造施工技术，减少桥梁工程占路时间，提高桥梁施工速度。

桥梁快速改造施工技术是解决该问题的有效途径。国外从 21 世纪即开始进行该技术的研究，通过强大的载重运输设备实现桥梁上部结构的快速运输。该载重运输设备称为自行式模块运输车（Self-Propelled Modular Transporter，SPMT），广泛应用于船舶海工、路桥隧道、石油化工、电力工程、冶金工程、航空航天等领域，其优点主要是使用灵活、装卸方便，载重量在多车机械组装或者自由组合的情况下可达 50000t 以上。英国、法国、比利时和美国成为第一批运用这项技术的国家。但他们在应用时过分依赖了 SPMT 设备，并以此作为基础载体，用于起重梁体和运输，而在就位环节中则采用了与 SPMT 分离的支架系统，该系统有的为固定高度，有的具备小行程举升系统，可以小范围调整梁体的高度，以适应梁体就位的需要，但这种设计存在诸多弊端，安拆费时费力、可靠性差、调节度低、通用性不强、综合成本大、准备时间长。最关键的缺点在于负载驮运设备和提升安装设备分离，不能实现联动控制，没有实现运输、安装、架设一体化作业，临时机械多，整体工作效率低；对于多跨桥梁结构，需要采用多台 SPMT 设备，对场地条件要求高，多台设备的采用提高了工程造价；另外对 SPMT 走行和新桥的精确定位控制方面也需要提高改进。

国内从 20 世纪 80 年代开始研究 SPMT 设备，也取得了飞速发展，石化、海工、铁路、交通等行业工程也相继采用了自主研发的 SPMT 设备，实现了千吨级的大型构件运输，使我国重型构件运输取得了突破。但是，在驮运架一体机问世之前，在西关环岛桥梁改造工程、三元桥大修工程之前，无论是国外还是国内，都没有一种能将起重、运输及安装集成于一体的 SPMT 设备，也没有一整套适用于大城市交通节点处的桥梁快速改造施工技术。

基于驮运架一体机的桥梁整体置换技术是桥梁快速改造施工技术的一种，核心设备是驮运架一体机。驮运架一体机是在国外 SPMT 设备基础上自主研发制造的，集起重、运输及安装于一体的大型施工设备。相较于国外将 SPMT 设备与顶升系统分开使用的方式，该设备的集成化，在施工整体性、可靠性、连续性及快捷性等方面的优势十分明显。驮运架一体机由控制系统、动力系统、液压系统、电气系统和定位系统组成，模块化布置，可根据荷载尺寸及重量任意进行模块组合，系统由控制中枢控制，传感器收集信息，再通过复杂的电气系统、液压系统，实现各模块、各轮组和各油缸的协调运行（图 1-88）。性能参数如表 1-7 所示。

驮运架一体机性能参数表　　　　　表 1-7

性能参数	
发动机功率:403kW/2100r/min(单台)	承载能力:200t
空载平地最高运行速度:6km/h	满载平地最高运行速度:3km/h
满载最大爬坡:≤5%	横坡通过性:≤2%
轴距:2845mm/2590mm	轮距:2600mm
最大转角:90°	轮轴横向摆动角度:±2°
驱动轮数:4	驱动桥数:2
尺寸参数(单模块)	
车长:5400mm	车宽:5050mm
高度:2680mm±200mm 加设均载梁的整车高度:4300mm±200mm	重量18000kg
轮胎	
轮胎规格	26.5R25
轮胎数量	8
轮胎气压	0.8MPa(max)
轮胎接地比压	0.8MPa(max)

图 1-88　驮运架一体机单车模型

1.7.1　应用实例

三元立交桥建于 1984 年，总占地面积 26 万 m²，为机动车和非机动车混行苜蓿叶形互通式立交桥。三元桥（跨京顺路）原桥为三跨 13.48m＋27.30m＋13.48m 连续刚构体系桥，

Ⅱ形主梁，Ⅴ形墩柱，扩大条形基础，桥梁全长55.46m，宽44.8m（图1-89～图1-91）。

三元桥坐落在三环路、京顺路和机场高速的交会点，是通往首都国际机场和京郊的重要交通枢纽，日交通流量达20.6万辆，高峰时每小时通行1.3万辆汽车，途经公交线路48条，日均搭乘72.7万人次。三元桥（跨京顺路）建成至今运营30年，在交通荷载及自然条件作用下，存在梁体下挠、桥面铺装开裂等病害，整体承载能力不能满足原桥设计标准要求，大修施工迫在眉睫。

工程于2015年3月正式立项。但传统工艺需断路施工3个月，快速发展的首都无法承受，最终通过方案比选确定采用基于驮运架一体机的桥梁整体置换技术。

工程自2015年9月20日进场，完成了包括下部结构加固、临时场地改造、临时支墩搭设、钢梁制作和临时场地拼装等准备工作，于2015年11月13日23时，正式开始三元桥大修工程整体置换。历时43h，完成了旧桥（中跨约1600t）切割运弃、新梁（约1300t）整体驮运架设、桥面铺装等工序，于11月16日晚恢复通车。

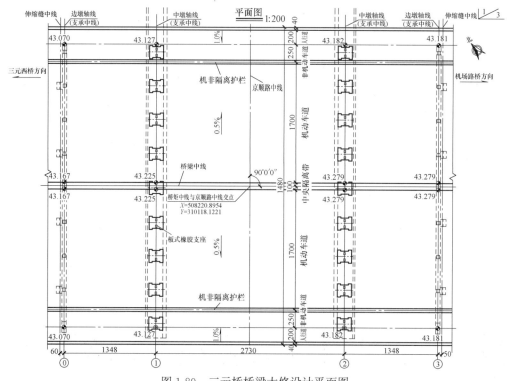

图1-89 三元桥桥梁大修设计平面图

图1-90 三元桥桥梁大修设计立面图

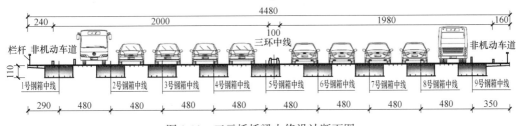

图 1-91　三元桥桥梁大修设计断面图

1.7.2　主要施工工艺

1. 工艺流程（图 1-92）

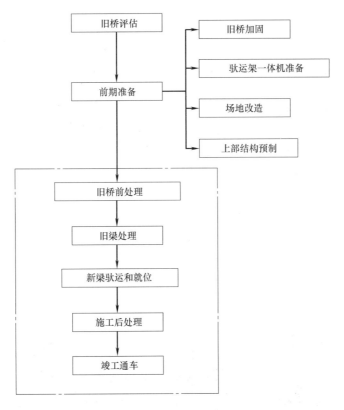

图 1-92　工艺流程图

2. 旧桥评估

总体施工方案确定前，需要对原桥设计图纸、竣工资料、历年维修情况及现状评估报告等基础资料进行详细解读，实地踏勘现场，确认既有结构的实际损害情况、承载力状况、运营状况。通过系统评估旧桥整体结构状况后，以确定旧桥处理方案，以确定原桥结构仍可利用的部分，以确定旧桥承载能力与驮运架一体机驮运承载力是否互相满足要求。

3. 前期准备

（1）旧桥加固

通过对三元桥（跨京顺路）旧桥评估，决定继续利用原桥下部结构，即利用现况 V

形墩柱，对其进行加固，以满足今后运营需求。

现况 V 形墩柱通过外包钢板、植筋、绑扎钢筋、浇筑自流平混凝土、对拉预应力钢筋等措施，形成 V 形实体墩。V 形墩根部采用加大截面、植筋、外包钢板、安装法兰盘的措施；墩顶部放置板式橡胶支座，并安放抗震限位措施，满足现行规范抗震能力要求。V 形墩加固过程中，质量控制的关键点在于两次自流平混凝土的浇筑，由于内芯混凝土浇筑施工空间狭小，高度较高，且内部钢筋较为密集，浇筑过程中容易形成混凝土离析，浇筑顶端位置可能出现外加剂的浮浆混凝土材料。施工过程中严格控制混凝土各项性能指标，如表 1-8 所示。

混凝土拌合物自密实性能指标 表 1-8

检测性能	性能指标测试方法	测试值	性能等级	性能指标
填充性	坍落扩展度	坍落扩展度	SF1	550～650mm
			SF2	550～650mm
			SF3	550～650mm
	T50	扩展时间	VS	2～5s

同时，在桥下垮中位置安装临时承重架，以确保上部结构整体安全。临时承重架采用模数式无缝钢管支架，根据实际需要选择合适的模数组合焊接拼装。

（2）驮运架一体机准备

根据旧桥评估结果，针对驮运架一体机承载力进行各种工况条件下验算，判断其承载能力和变形是否满足要求。

1）现场组拼

驮运架一体机采用模块式结构，其主要特点是拆装、运输方便快捷，且可根据不同的载重量加装或者减少模块数量，适用范围较广。

三元桥大修工程使用的驮运架一体机是双车并行，每台车有 6 个独立单元模块，双车共计 12 个模块。各模块运输至现场后，将车头与各模块之间节点处通过销接、高强度螺栓进行连接，形成两台车，现场完成走行和同步性调试（图 1-93）。

图 1-93 驮运架一体机施工现场就位

2）驮运架一体机工前试验

驮运架一体机工前试验主要包括走行测试、压重测试、顶升测试等项目，目的是在施工前确定其安全性，各项性能、运行操控等满足要求。驮运架一体机在施工场地组拼后，首先应进行走行测试，确定双车行走的同步性满足要求，还需测试负载情况下在场地坡度基础上走行的同步性也满足要求。压重测试可通过在驮运架一体机上部加载钢板实现，测试整体承载能力及负重走行能力。顶升系统测试，可以分别测试空载和负载条件下，顶升油缸的同步性是否满足要求（图 1-94）。

图 1-94　驮运架一体机厂内工前试验

（3）场地改造

京顺路三环外环方向为新桥钢箱梁临时支墩场地，京顺路三环内环方向为旧桥临时支墩场地，京顺路出京方向两侧绿地为驮运架一体机现场组装调试场地。平面布置如图 1-95 所示。

图 1-95　施工现场平面布置图

施工区主要承担驮运架一体机运行、钢梁拼装、旧桥临时存放、整体置换等主要施工任务及交通临时导行任务，综合考虑各方面因素，占用三元桥外环两侧绿地、三环路部分中央隔离带、京顺路部分中央隔离带，确保满足施工条件。施工现场区域规划为办公区、材料区、施工区等几大部分。具体工作如下：

1）绿地硬化

驮运架一体机现场组装调试场地、新桥钢箱梁临时支墩集中在三环路外环两侧绿地内，因此拆除相应绿植，进行场地硬化，硬化结构为底层 30cm 厚天然级配砂石基层，上层 20cm 厚 C25 混凝土。

2）拆除京顺路辅路人行步道

考虑旧桥切割安全性，辅路需架设两排临时支撑，现况辅路无法满足施工过程中非机动车通行，因此拆除双方向辅路人行步道，采用 C25 混凝土临时硬化，高程与现况辅路接顺，保证非机动车道宽 2.5m。

3）临时导行路修建

桥梁整体置换过程中，三元桥桥区以临时环岛形式通行，因此需拆除三环路及京顺路部分中央隔离带，拆除完成后采用 C25 混凝土临时硬化，高程与道路接顺，保证车辆可横穿三环主路及京顺路。

（4）上部结构预制

新桥上部结构为正交异性钢箱梁，钢箱梁钢板采用 Q345qD，全桥横向分为 9 个主纵梁，纵梁之间采用横隔梁连接。

钢箱梁分为三阶段制作，第一阶段、第二阶段在工厂内进行，即单元件加工阶段、梁段制造阶段。第三阶段为桥位拼装焊接阶段，在施工现场新桥临时支墩上进行。临时支墩结构采用钢筋混凝土排架形式，下部基础为条形基础，每两根钢筋混凝土墩柱上方设 1m×1m×3m 盖梁。钢箱梁在工厂制作完成后运至现场进行整体拼装。梁段运至现场后，利用 300t 及 500t 的汽车吊将梁段安装在临时支墩上，拼装完成后现场进行各梁段之间的焊接，使之成为整体。

新钢箱梁制作完成后，提前铺装桥面系及栏杆，以最大限度节省断路施工时间。

4. 旧桥前处理

完成上述准备工作后，开始部署交通导行，正式进入断路施工状态。

首先进行旧桥前处理，包括 V 形墩顶部切割和旧梁边跨、中跨分离切割，目的是使旧梁中跨与两边跨、下部结构完全脱离，完成受力转换。切割采用金刚石绳锯，其优点在于噪声小、速度快、节能环保，绳锯数量根据工程实际需要选取。

其中，旧梁边跨、中跨分离切割，如图 1-96 所示。横缝采用单缝形式，每条横缝由 18 台金刚石绳锯机同时切割，两条横缝同时切割，用时 180min。边跨长 10m，每边跨切分为 9 块 Ⅱ 形边梁。边跨旧梁切割完成后，东西两侧各布置 2 台 300t 汽车吊和 9 辆运梁车，将梁体运出施工现场。

5. 旧梁处理

旧梁中跨处理有两种方式：一是采用驮运架一体机将旧梁中跨整体驮运出桥区后，在临时场地进行分块切割，之后运弃；二是采用原地切割分块，之后运弃。三元桥旧梁中跨处理选择的是第二种方式。

旧梁中跨拆除。旧梁中跨横向分解为 9 片 Ⅱ 形梁，每片 Ⅱ 形梁纵向分解为两个实体段和一个标准段，共计 27 段梁。由于施工场地限制，采用随切、随吊方式进行拆除，即完成一片梁的切割工作后，随即进行该片梁的吊运，吊梁采用一台 250t 履带吊和一台 150t 履带吊同时进行。

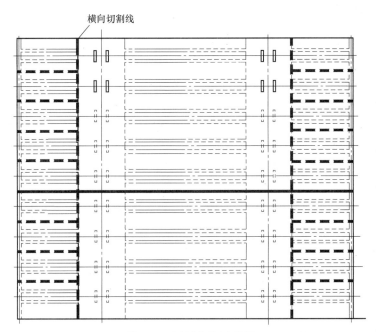

图 1-96 旧梁分块示意图

6. 新梁驮运和就位

驮运架一体机驮运新梁时，采用双车联动，每车设置 6 个模块。每台车设置 6 个上顶升油缸，总体起升能力可达 3000t，最大顶升行程 1400mm，满足新梁顶升要求。驮运过程中，由于新桥钢箱梁位于 7‰ 坡度上，因此驮运架一体机上部油缸出顶高度不同，最高出顶高度为 861mm，最低为 376mm，此时新桥钢梁至路面净空最大为 5.62m，最小为 4.73m，满足新梁就位要求。驮运架一体机驮运主梁，采用自动循迹技术及北斗定位系统，指引驮运架一体机按预先指定路线行进，完成主梁粗定位，进行新主梁支座安装，采用精确定位技术，将主梁精确定位并落梁，精度达毫米级。

7. 施工后处理

新梁就位后，浇筑边跨配重混凝土，之后施作桥面铺装和交通标线。

桥面铺装采用双层沥青混凝土，下层为 AC-16 沥青混凝土铺装，厚 5cm，上层为 SMA-13 沥青混凝土，厚 4cm，中间加铺改性沥青粘层油。根据工期及施工方案要求，全桥分两次，每次半幅依次摊铺，采用 3 台摊铺机并排摊铺。

8. 竣工通车

三元桥创造了新的中国建桥速度，受到了国内外新闻媒体和网友的广泛关注，在行业内部和社会上引起了轰动。中央电视台、北京电视台、广播电台及主要网络媒体等均进行了全程报道，给予了高度赞誉。中央电视台新闻直播间在"2015 我们的获得感"栏目中，以"创新引领发展、创新带来动力"为标题进行了专题报道。2016 年国庆节期间，三元桥桥梁整体置换工程登陆中央电视台超级工程。2018 年又惊艳亮相国家形象系列宣传片《中国一分钟》，"43 小时，中国人完成北京三元桥的换梁施工"。美国土木工程师学会、世界高速公路网等 30 多家世界土木工程顶尖组织也进行了报道，引发广泛关注。

1.7.3 效益分析

三元桥整体置换，取得了首次在特大城市交通节点桥梁大修改造用时最短、交通影响最小的显著成就，三环路、京顺路以及北京东北城区的交通未受到大的影响，比常规占路施工时间节约了58d，达到快速施工、最大限度减少对社会交通影响的目的，创造了新的建桥速度，取得了显著的经济和社会效益，具有广阔的推广应用前景。三元桥大修工程的间接经济效益主要来源于新工艺、新技术所节约的时间成本以及有口皆碑的环境效益。依据交通部门给出的数据，三元桥日均车流量达20.6万辆，高峰时每小时通行量1.3万辆汽车。途经公交线路48条，日均搭乘72.7万人次。若采用传统方法原地拆除之后进行重建，需占路约90d，三环路、京顺路以及北京东北城区的交通将受到重大影响。而采用本技术，实际占路施工仅用43h，节省时间达98%，引起社会各界关注，广受好评。该区域断行影响的日均车次为20.6万辆，按绕行10km计算，不计其他损耗，节省燃油费约1.05亿元，减少二氧化碳排放3.9万t（按车均10L/百公里油耗，当时油价6.0元/L计算），经济效益显著。

1.7.4 技术创新成果

（1）工程采用了具有自主知识产权的桥梁整体置换技术，这是该技术在国内城区桥梁改造的首次应用，仅用43h即完成了桥梁快速改造施工，较传统换梁工艺减少断路时间98%以上，破解了城市桥梁改造与交通相互制约的技术瓶颈。

（2）针对桥下空间、整体置换、驮运支承体系和永久支承体系等限制条件，首次提出了与驮运设备和置换工况相匹配的桥梁上部结构，桥梁结构由原来的刚构体系变为连续梁体系，首次实现了双台设备对三跨连续梁的整体置换。创新解决了主梁在驮运、举升中产生的变形和就位后的得以恢复至设计水平的特殊构造需求。

（3）自主研发的驮运架一体机，首次实现了双台设备对三跨连续梁的整体置换。实现了桥梁置换起重、运输和安装一体化作业，突破了国外类似设备运输与架设功能块分离的制造工艺。

（4）研发的激光循迹系统与北斗卫星定位系统相结合，实现了驮运架一体机自动循迹。

（5）自主研发的精确定位方法及系统实现了毫米级误差快速就位。

（6）采用"远端提示、近端疏导、桥区环岛绕行"等多项交通疏解措施，保障社会应急车辆和公共交通工具不间断通行，最大限度降低了施工对社会的影响。

1.8 预制装配式桥梁施工技术

随着我国建筑工业化、绿色建造的推进，传统建造模式的弊端日益凸显，预制装配式技术开始在城市桥梁领域得到长足发展和应用，预制装配率越来越高、应用越来越广泛。预制装配式桥梁主要指桥梁各主要构件采用集中工厂化预制，再运至施工现场进行拼装，主要技术包括上部结构预制拼装、下部结构预制拼装和附属结构预制拼装。与传统的现浇桥梁相比，具有构件标准化生产、质量标准高；工厂化预制和施工同步、施工速度快周期短；施工机械化程度高、现场劳动力投入少；对周边环境影响小、污染少等显著的优势。

20世纪60年代，我国开始引入桥梁预制装配技术，开始在桥梁上部结构中使用，如今经过长时间的工程应用，桥梁上部结构（主梁）预制装配化技术发展已相对成熟，形成整孔预制、分片预制、节段预制拼装三类，并在城市桥梁建设中广泛应用。近年来，在国家政策支持引导及预制拼装基础理论研究不断推进的背景下，桥梁墩柱、盖梁的预制装配式技术成为研究的重点方向，上海、长沙、成都、广州等城市高架桥梁工程中有了大量成功应用，并逐步向桩基、桥台、防撞护栏的全预制装配式桥梁结构发展，预制装配式桥梁已经逐渐成为未来城市桥梁建设发展的主流方向。

1.8.1 桥梁装配式节点连接技术

装配式桥梁的核心是拼装节点的连接技术。装配式桥梁上部结构包括预应力混凝土空心板、预应力混凝土箱梁、预应力混凝土T梁等类型，采用逐梁拼装或节段预制拼装，接头部位通常采用干法拼接或湿接法拼接，工艺发展成熟。装配式桥梁下部结构拼装技术研究发展较晚，桥梁下部结构主要包括墩柱与承台、墩柱与盖梁、墩柱节段之间的节点连接，连接方式包括：粘结预应力筋、灌浆套筒、灌浆金属波纹管、承插式连接、插槽式连接等。目前主要采用三类构造：灌浆套筒连接构造、灌浆金属波纹管连接构造、承插式连接构造。

1. 灌浆套筒连接构造

灌浆套筒（图1-97）连接构造适用于墩身与承台、墩身与盖梁、墩柱节段之间，预埋的套筒设置于上方预制构件中，与承台、墩柱顶伸出的连接插筋相接，再对套筒进行灌浆。墩身与盖梁或承台之间的接触面采用高强砂浆垫层，墩身节段之间采用环氧胶接缝。灌浆套筒是目前装配式桥梁中应用最多的连接构造，其特点是施工精度要求高，套筒定位误差要求控制在2mm以内；不需要张拉预应力筋，现场施工所需时间短，正常使用条件下的力学性能与传统现浇混凝土桥墩类似，在低抗震设防烈度地区已广泛应用，但套筒实际施工中的灌浆密实度检测及其在高地震危险区域的应用等问题仍在研究中。

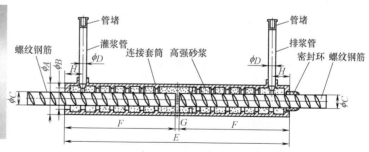

图1-97 灌浆套筒连接构造示意图

2. 灌浆金属波纹管连接构造

灌浆金属波纹管（图1-98）连接构造适用于墩身与承台、墩身与盖梁之间，金属波纹管一般埋置于盖梁或承台内，与墩身伸出的钢筋进行连接，再进行灌浆。灌浆金属波纹管特点是施工速度快，定位误差一般控制在5mm以内，但需要满足纵筋足够的锚固长度，造成外露钢筋较长（不小于24d），增大了运输成本和钢筋损坏风险。

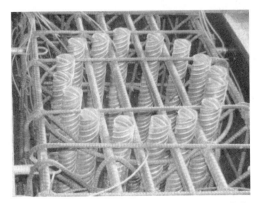

图 1-98　灌浆金属波纹管构造示意图

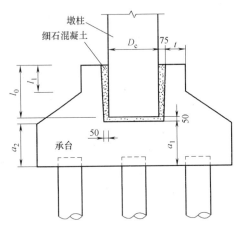

图 1-99　承插式连接构造示意图

3. 承插式连接构造

承插式连接构造（图 1-99）一般用于墩柱与承台基础连接，将预制墩身插入基础的预留孔内，插入长度一般为墩身截面尺寸的 1.2～1.5 倍，底部铺设一定厚度的砂浆，周围用高强砂浆或混凝土进行填充。承插式连接的公差要求低，工序简单，现场作业量少，但接缝处的抗震性能有待进一步研究，国内应用较少。

由于桥梁上部主梁结构工艺已相对成熟，本节将主要介绍目前墩柱、盖梁灌浆套筒连接的预制、装配施工技术。

1.8.2　装配式构件预制技术

预制装配式桥梁施工模式与常规施工不同，需要配套专业化预制构件加工厂（图 1-100），构件生产能力匹配工程规模需要，提供钢筋集中加工、构件预制生产、构件存放、构件配送等一系列集成化服务。

图 1-100　预制构件厂平面图示意图

1. 工艺流程

钢筋加工→胎架组装→钢筋绑扎→预埋件安装→钢筋转场→模板安装→混凝土浇筑→模板拆除→混凝土养护→构件存放。

2. 钢筋加工

相较于传统现浇施工，装配式桥梁的构件预制精度要求更高，因此预制构件的钢筋加工应采用数控自动化钢筋加工设备，包括：全自动钢筋弯剪加工设备、钢筋笼滚焊加工设备、机械连接成套设备等，加工精度可达到毫米级，保证了钢筋加工的精度和效率，实现钢筋标准化加工（图 1-101）。

图 1-101 钢筋加工区及自动化加工设备

3. 墩柱、盖梁钢筋绑扎

基于钢筋模块化精加工的理念，墩柱、盖梁钢筋绑扎需采用专用的钢筋胎架制作加工成型（图 1-102、图 1-103），通过钢筋、套筒端部定位板，保证各钢筋、预埋件定位准确，制作允许偏差±2mm（主筋间距），钢筋胎架的设置应符合下列要求：

（1）设置形式应满足施工工艺设计要求，宜紧邻钢筋加工车间布置，并且方便钢筋骨架吊装。

（2）胎架安装完成后应对各支架整体测量，要求水平度、垂直度满足要求，保证每个框架在同一条线上，防止主筋安装时产生弯扭。

（3）绑扎时，应设置预埋件用于固定钢筋绑扎卡具。

（4）钢筋在胎架上绑扎成型后整体运至构件制作台座上，注意绑扎牢固，防止在吊运过程中变形。

（5）预制墩的底部胎架应满足钢筋骨架及模板的翻转要求。

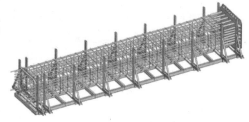

图 1-102 墩柱钢筋笼胎架

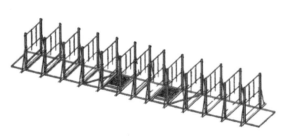

图 1-103　盖梁钢筋笼胎架

4. 模板拼装

（1）模具数量应满足构件预制的数量、类型、生产工艺和周转次数等要求。

（2）模具应有足够的承载力、刚度、稳定性及良好的操作性能。

（3）模具部件与部件之间应连接牢固、接缝应紧密，并应采取有效的防漏浆和防漏水措施。

（4）自制模具应根据预制构件特点确定工艺方案并出具加工图纸，结构造型复杂、外形有特殊要求或批量大的定型模具应制作样板，经检验合格后方可批量定制。

（5）外购模具进场时应有设计图纸和使用说明书，外观质量和尺寸偏差符合要求方可使用。

（6）固定在模具上的预埋件、预留孔和预留洞偏差值的检验和结果应符合设计和相关规范要求。

（7）内模宜采用专业设计的钢模板，具有足够的刚度，便于拆模，提高重复利用率。

5. 混凝土浇筑

装配式桥梁构件宜采用高性能混凝土，墩柱、盖梁混凝土等级不宜低于 C40（图 1-104、图 1-105）。施工时，应注意：

图 1-104　墩柱混凝土浇筑及养护

（1）混凝土浇筑前，预埋件及预留钢筋的外露部分宜采取防止污染的保护措施。

（2）混凝土放料高度宜小于 600mm，并应均匀摊铺。

（3）混凝土浇筑应连续进行，浇筑过程中应观察模具、预埋件等的变形和移位，变形与移位超出时应及时采取补强和纠正措施。

图 1-105 盖梁混凝土浇筑及养护

（4）混凝土从出机到浇筑完毕的延续时间，气温高于 25℃ 时不宜超过 60min，气温不高于 25℃ 时不宜超过 9min。

（5）混凝土宜采用机械振捣方式成型。振捣设备应根据混凝土的品种、工作性、预制构件的规格和形状等因素确定，应制定振捣成型操作规程。

（6）当采用振捣棒时，混凝土振捣过程中不应碰触钢筋骨架、预埋件等。

（7）混凝土应振捣密实，模具不得漏浆、变形或预埋件移位等现象。

（8）墩柱一般采用"横向支模，竖向浇筑"方式，模板拼装后转场、翻转竖立再进行浇筑、养护和存储，立柱出厂时进行翻转运输。

1.8.3 预制墩柱拼装施工技术

预制墩柱拼装包括：预制墩柱与承台基础拼装、墩柱节段间拼装。预制墩柱与承台基础采用灌浆套筒连接时，接触面间应铺设高强浆料；墩柱节段间拼装时，节段之间采用环氧胶接缝

1. 工艺流程

墩柱运输→测量定位→千斤顶、垫块安装→立柱就位与校正（匹配拼装）→底部坐浆→安装就位→套筒压浆→养护。

2. 预制墩柱与承台基础拼接操作要点

（1）承台混凝土浇筑前、后应对预留钢筋、灌浆连接套筒或灌浆金属波纹管定位进行检查，允许偏差为 ±2mm。

（2）立柱与承台拼装前应进行匹配拼装，同时应对外露钢筋进行除锈处理。

（3）墩柱运至施工现场，采用吊机并通过辅助设施进行墩柱翻转施工，翻转应保持墩柱平稳，结构无损坏（图 1-106）。

（4）在拼接缝位置，承台上宜布置调节垫块。

（5）调节设备宜采用千斤顶等工具。

（6）承台上设置的砂浆垫层强度及厚度应符合设计要求且应及时进行养护。

（7）套筒灌浆料、垫层浆料初凝时间短，实际有效工作时间在 15～30min，浆液需在现场拌制。

（8）墩柱节段拼装前应对立柱节段拼接缝进行表面处理，确保表面无油、无水及无可见灰粉。

（9）拼装前应对立柱阶段拼装接缝表面进行复测，标高允许偏差为 ±2mm，水平度允许偏差为 ±1mm。

图 1-106 墩柱吊装定位（左）、底部坐浆（右）

（10）环氧胶粘剂应均匀涂刷，涂刷时间宜控制在 30min 内，涂刷前、后应采取防雨、尘措施。

1.8.4 预制盖梁拼装施工技术

预制盖梁与墩柱采用灌浆套筒连接。

1. 工艺流程

盖梁运输→搭设作业平台→测量定位→千斤顶安装→立柱就位与校正（匹配拼装）→安装垫块→底部坐浆→安装就位→套筒压浆→养护。

图 1-107 盖梁吊装定位

2. 操作要点

（1）盖梁与立柱拼装时，在拼接缝位置，立柱上应布置调节垫块。

（2）预制盖梁安装时，应对接头混凝土面凿毛处理，预埋件应除锈。

（3）在墩台柱上安装预制盖梁时，应对墩台柱进行固定和支撑，确保稳定。

（4）节段拼装预应力混凝土盖梁结构，其临时固定设施应在节段拼装完成，进行永久预应力张拉并在灌浆强度达到设计要求的强度后才能卸除（图 1-107）。

1.8.5 装配式桥梁技术发展趋势

当前，预制装配式桥梁在国内工程的应用呈现良好的发展势头，其高效、绿色建造的方式能够很好解决城市桥梁建设中遇到的环境、工期等问题，符合低碳化、和谐社会的发展要求。但目前桥梁预制装配式技术所开展的相关研究仍然不足，还亟待进一步完善。

1. 法规、标准的制定

随着预制装配式技术的推广，越来越多的桥梁工程开始应用预制装配式结构，但目前预制装配式桥梁技术还处于发展阶段，国家的相关标准、法规还没有建立完善，仅有部分地区制定了地方标准，因此各地在实施时，缺少设计、施工质量管控的统一标准，需要我们在实施过程中尽快建立和完善。

2. 高烈度地区应用的研究

预制混凝土结构中，连接方式决定了结构整体的稳定性。但当前，装配式桥梁预制立柱的抗震性能是阻碍全预制拼装技术在高地震危险区域桥梁中应用的一个技术难题，为了实现全预制拼装技术的全面推广应用，必须对预制拼装立柱的抗震性能展开深入的研究，改进现有接头连接技术，包括刚性接头如螺栓连接等形式的研究，以推进装配式桥梁的应用。

3. 信息化技术的应用

随着互联网技术的发展以及 BIM 等技术与工程的结合，建筑行业逐渐趋向信息化和模型化。传统桥梁建设依靠人工计算和二维图纸，施工难度大，精确度低。装配式桥梁的预制、装配符合建造工业化的发展理念，未来应当在预制加工、建造管理与信息化技术结合上开展研究和引导，利用信息化技术，充分发挥预制装配式建造的优势，提升工程建设品质。

1.9　城市道路工程精细化施工过程控制技术

1.9.1　工程概况

某道路工程位于旅游度假区内海滨景观带内一条城市主干路，规模双向六车道，道路横断面宽度为 42m，路面结构厚度 65cm，机动车道为两块板形式，各 13.25m，双向六车道，中间绿化带 3.5m，人行道 3～4.5m（图 1-108）。项目包括道路工程、给水排水工程、交通工程。

图 1-108　道路平面示意图

路基采用 60～80cm 石渣分层换填，路面结构自下而上分别为：3 层 160mm 厚水泥稳定碎石基层，70mm 沥青下面层，50mm 沥青中面层，40mm SMA 沥青上面层。花岗石路缘石，花岗石板人行道（图 1-109）。

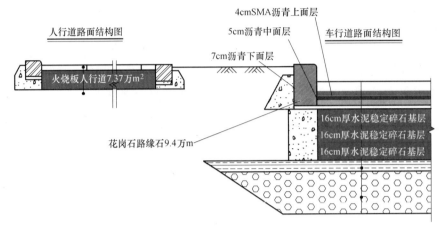

图 1-109　道路结构断面示意图

1.9.2　工艺流程

工艺流程如图 1-110 所示。

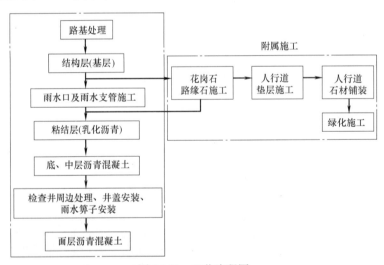

图 1-110　工艺流程图

1.9.3　工程质量筹划及准备

本工程在成立之初，项目制定创优目标：确保省部级优质工程奖及争创国家优质工程的总目标。并按照该目标进行相应目标分解及相应准备。

1. 人、机资源配置

组建具有完整质量控制职能的创优团队，职责分工明确，建立健全质量体系，加强质量策划，把质量和创优目标分解到每个分项工程中去，以确保整个项目创优目标的实现（表 1-9）。

技术、管理人员表 表 1-9

职务	资质	数量(名)	备注
项目经理	一级建造师(高工)	1	
项目总工	高工	1	
现场技术负责人	工程师	1	
现场生产负责人	工程师	1	
质检部部长	工程师	1	配4名质检员
工程部长	工程师	1	
现场试验负责人	助理工程师	1	配1名试验员
测量组组长	工程师	1	配2名测量员
材料部部长	助理工程师	1	
经营部部长	助理工程师	1	

2. 机械设备准备

提前进行机械设备选型，按工序安排合理配置小型机具辅助施工，进场前提前保养，保证设备的优良性能，从而保证工程施工质量（表 1-10、图 1-111）。考虑不同摊铺机的熨平板、夯锤的振幅与摊铺的外观有一定差别，为避免造成沥青混合料的外观差异大的问题，面层沥青混合料摊铺和压路机品牌、规格和型号进行统一部署。

主要机械设备表 表 1-10

机械设备名称	型号规格	单位	数量	备注
挖掘机	SK250-8	台	3	
挖掘机	ZX270-3	台	2	
推土机	T140-1	台	2	
双钢轮压路机	戴纳派克 624	台	2	
胶轮压路机	XP301	台	3	
平地机	850C	台	1	
装载机	ZL40D-II	台	2	
自卸运输车		辆	30	
沥青洒布机	FD5070	台	1	
沥青摊铺机	VOLVO8820	台	2	
小型钢轮压路机		台	1	
洒水车	CC25	辆	1	

3. 技术准备与保障

工程所在地为沿海地区，路基土质为粉细砂土，地基承载力差，路床弯沉值达不到要求。同时地下水位高，路面以下 1.3m 左右富含地下水，对管线及路床施工造成很大困难。

通过与设计单位的反复核算，最终确定采用 60～80cm 厚渣石垫层换填处理路基，有效扩散路面荷载，加速下部土层的固结和稳定，保证了路基匀质、坚实、平整。

图 1-111　道路施工机械

4. 地下管线调查与处置

本工程为旧路改造工程，旧有管线错综复杂，包括雨水、污水、电力、热力、燃气、移动、联通、传输等多达十余种管线，且管线路由极不规范，前期兴建与后期补充相互交差，路口部位纵横交错犹如蜘蛛网一般，后期补充管线埋设深度随意性太强，最浅处甚至就在人行道铺砖下。专业管线在改造工程中必须保持正常使用，与新建道路冲突部位如何保护是新建管线、道路所有问题的重中之重。

工程开工前，做好前期管线调查，邀请各专业管线管理部门进行现场确认，对金属管线采取金属探测技术，对地下管线进行人工开挖探坑，确保掌握现状管线具体管径和埋深，并标识清楚，保证旧有管线的正常使用（图 1-112）。

图 1-112　管线调查

1.9.4　精细化施工质量过程控制

1. 工程项目全过程质量控制流程（图 1-113）

2. 原材控制

道路工程中严把质量控制的物资原材关，重要施工原材料包括进行实地考察、对管材进行试验、优选定制混凝土井圈和铸铁井盖等现场材料。材料进场后，均在监理工程师见证下现场取样，送当地建设工程质量检验测试中心进行原材料检测，检测合格报请监理工程师认可后方可用于工程施工。

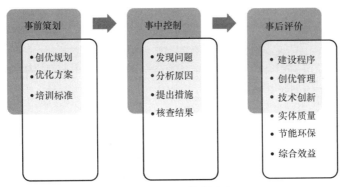

图 1-113　质量控制流程

由于工程所在地地材质量差，本工程使用的中粗砂、碎石、砖等均为异地采购，所有混凝土管材及混凝土预制构件均为异地定制采购，确保工程的质量及路缘石、检查井砌筑的美观（图 1-114）。

图 1-114　原材把控

3. 管道施工控制

（1）管道基础

沟槽验收合格后，按照设计图纸及规范要求进行砂石管道基础施工。要求管道基础与管道外壁间接触均匀，无空隙；管道有效支撑角范围内回填充分填充插捣密实。支撑角回填过程中，质检员和监理工程师全程监控。严格按照分层回填，确保管线与井式衔接处回填密实。

（2）管道敷设

管道基础验收合格后进行管道敷设，本工程为柔性接口钢筋混凝土管，安装前将承口内面、插口外面清理干净，保证接口的接触面无杂质。套在插口上的橡胶圈应平直、无扭曲，可借助辅助工具或润滑剂辅助安装，确保正确就位。管道安装直顺，遇曲线或弧度时在井位处合理设置转角，安装完成后，轴线、标高必须符合设计要求。

（3）沟槽回填

沟槽回填在管道闭水试验合格后及时回填，闭水试验按照《给水排水管道工程施工及验收规范》GB 50268 的闭水方法试验进行。回填作业前，现场选取现场试验段（长度为一个井段），分部位、分层回填。从管底基础开始到管顶以上 500mm 范围内，采用人工回填，回填厚度不大于 200mm；管顶 500mm 以上部位用机械从管道轴线向两侧同时夯实，分层回填厚度根据机械性能及现场试验确定。分段回填时，相邻段留置台阶，且不得漏夯，每回填一层都要严格按要求进行压实度检测，满足要求后，方可进行下一层回填（图 1-115）。

图 1-115　沟槽回填控制

4. 路基施工

本工程因土质及地下水原因，经设计变更采用 60～80cm 厚渣石垫层换填处理路基，原路堤基层为稳定的土质基底，在开挖至换填设计标高及规范要求宽度，遇有软土或土质不良情况，必须处理。

换填施工采用机械化流水作业，自卸车运料，推土机纵向水平、分三层摊铺，每层厚度不大于 30cm，分层碾压。使用重型振动压路机分层碾压，直到压实层顶面稳定，不再下沉（无轮迹）。现场路基压实度采用灌砂法检测，执行三级质量检查系统，即作业队自检、项目部检查、监理工程师检查，严格按照规范逐层进行，检验合格后经监理工程师签认后，方可进行下一道工序（图 1-116）。

图 1-116　路基取芯

5. 水泥稳定碎石基层施工控制

本工程基层施工采取摊铺机流水作业施工，根据基层宽度，设定 400m 为一个作业段。施工前进行试验段施工，通过试验段确定机械设备等相关施工参数。

（1）摊铺施工

基层摊铺分三层施工，第一层采用改进的"防脱落式"挂线工具，加强高程控制，第二、三层采用平衡梁控制摊铺机摊铺平整度，为提高沥青路面平整度奠定基础。采用两台型号和磨损程度相同的摊铺机梯队式摊铺，两台摊铺机前后间距不大于 10m，在摊铺机无法使用的超宽路段，采用人工摊铺、修整并碾压成型。每台摊铺机后设专人及时铲除局部粗集料堆积和处理粗细集料离析现象。严禁双层连铺，严禁用薄层贴补法进行找平。摊铺时因故中断时间大于 2h，按要求设置施工缝。

（2）碾压施工

施工现场配备 5 台重型压路机，安排专人指挥碾压，先采用双钢轮压路机稳压 2～3 遍，再用轮胎压路机继续碾压密实，最后采用双钢轮压路机消除轮迹。碾压过程中，严格控制混合料处于或略大于最佳含水率的状态下碾压，如遇高温或气候炎热干燥时，含水率可比最佳含水率增加 0.5%～1.5%。摊铺分两幅摊铺，对纵向接缝加强碾压（图 1-117）。

图 1-117　基层质量控制

（3）接缝处理

基层施工中的横向施工缝应尽量减少，多层摊铺基层上下两层施工缝不应设置在同一断面上，应错开形成台阶状，并应留出不小于 500mm 距离。应保证施工缝接缝时形成垂直断面，并在断面上洒布水泥浆浸湿进行接缝施工（图 1-118）。

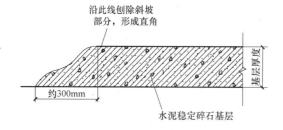

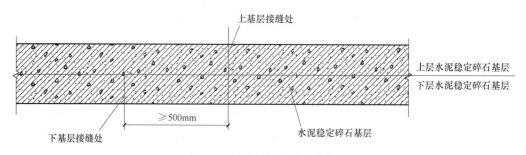

图 1-118　基层接缝质量控制

（4）养护

基层碾压成型，检验合格后，立即进行养护。本工程采用覆盖洒水养护方式，覆盖应搭接完整，避免漏缝，出现破损及时更换。洒水量及频次视气候而定，保证整个养护期间覆盖物处于潮湿状态（图 1-119）。分层摊铺施工后在下层养护 7d 后，方可进行上层基层施工，养护期间必须封闭交通。养护至上一层施工前 1~2d，方可掀开覆盖物。

6. 面层施工控制

沥青混凝土施工：先铺筑试验段，确定虚铺厚度、压实遍数等数据。根据试验段数据严格控制面层施工（图 1-120）。

图 1-119 基层养护

图 1-120 面层质量控制

（1）试验段施工

在沥青混合料大面积施工前，应采取修筑试验路段，以证实混合料的质量、稳定性，获取沥青混合料生产施工的技术指标。

在沥青混合料料车卸料时进行取样，送往见证试验室进行沥青混合料油石比、马歇尔稳定度及流值、级配的检验。

施工后 24h 后现场取芯时间，钻芯后芯样即刻送往试验室做见证试验，芯样测定项目为厚度、标准密度及最大理论密度下的两项压实度指标，使用测平车对平整度进行量测。

通过试验段的摊铺，确定松铺系数、虚铺厚度、碾压机具组合、碾压遍数、碾压温度及施工配合比等基础数据，确定最终的施工方案。试验段完成后进行检验评定，分析试验段中出现的问题，做好工程总结。经建设单位、监理、施工及材料供应商等各方现场对其质量进行综合评定，讨论并解决施工中出现的各种问题，大面积施工时以此作为参照。

（2）合理选择面层摊铺工艺

路面选用热拌沥青混凝土工艺施工。依道路宽度，应选择两台摊铺机并机梯队作业。

每台组装宽度为 7m，两台摊铺机前后保持 10～15m 距离，摊铺搭接宽度控制在 50～100mm，避开车道轮迹带，上下面层搭接位置错开 200mm 以上，纵向接缝沿道路中线布置，采用声呐平衡梁进行高程自动找平，以此对摊铺厚度进行控制，保证路面平整度。为保证路面整体质量效果，三个标段道路面层由一支队伍从道路起端连续摊铺，一次摊铺完成（图 1-121）。

图 1-121　摊铺工艺选择

施工前，应选取生产能力满足连续摊铺要求的两家料场，一主一备，材料统一，配备足够的运输车辆，摊铺机前料车不少于 5 辆，保证材料供应。

选择合理摊铺速度，以保证拌合出料与铺筑连续进行。摊铺机行走速度应控制在 2～5m/min，顶面层沥青混合料摊铺摊铺机行走速度应控制在 1～3m/min。

摊铺前，摊铺机的受料斗应涂刷薄层隔离剂或防粘结剂，提前 0.5～1h 预热熨平板使其不低于 100℃。

（3）沥青混合料温度控制

沥青混合料从运输到摊铺过程中，沥青温度是影响施工质量的首要因素。整个施工过程中，由专人对温度进行检测、控制（图 1-122）。

根据拌合厂的生产能力和作业的要求，充分考虑到交通阻塞等不利因素的影响，组织足够的运输车辆，保证现场连续施工作业。严格控制混合料从拌合到碾压终了的延迟时间，超过延迟时间的做废料处理。

（4）沥青混合料摊铺技术控制

1）混合料的运输与供应

摊铺中需保证其连续性，避免因等料等原因停顿。在施工中，如发生断料时，应及时与料场联系，如为短时性断料，摊铺机应适当放慢摊铺速度，以保证摊铺的连续性，但如长时间间断，则应按施工横缝处理。

本工程应采用两台摊铺机一次联合摊铺，配备足够的运输车辆，保证在摊铺机前料车不少于 5 辆，以保证摊铺机能够连续均匀不断地进行摊铺（图 1-123）。

2）铺速度与摊铺机振捣挡位相匹配。

摊铺速度快，摊铺振捣挡位大，反之，则振捣挡位小。但如果摊铺速度较慢时，振捣过大，路面会出现小波纹，并将传感器振动，而影响路面平整度。要合理确定摊铺速度与振捣挡位的关系，才能保证路面平整度。

图 1-122　摊铺温度控制

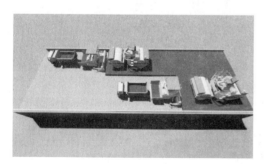

图 1-123　摊铺运输

本工程选用摊铺机行走速度根据料厂供应能力及配套压路机械能力及数量控制在 2～4m/min 范围，保证摊铺均匀性。

3）摊铺时运料车应在摊铺机前 10～3cm 处停住，不得撞击摊铺机。卸料过程中运料车应挂空挡，靠摊铺机推动前进，以确保摊铺层的平整度。运料车卸料时不得撞击摊铺机，并及时用人工清除撒落的粒料，严禁人工向摊铺层上撒料，摊铺层未压实前不得随意踩踏，以确保路面的平整度。

4）在摊铺过程中要保证料源畅通，布料均匀。尤其要注意螺旋输送器布料时不能空转，因为表面层混合料比较粗糙，如果螺旋器空转，大料会分布在两边，产生离析。要让摊铺机螺旋输送器埋没高度达到最佳状态，使螺旋输送器中沥青混合料的高度将螺旋器直径的 2/3 埋没，并将熨平板前缘与布料螺旋之间的距离调至中间位置。

5）沥青混合料接缝控制

接缝处往往是路面质量较薄弱的地方，影响路面平整度。路面摊铺前，先进行接缝设计，要求尽量避免冷接缝，接缝顺直，避免斜接缝。

摊铺中，沥青混合料纵向接缝采用热接，已铺混合料留下 10～20cm 暂不碾压，作为后铺部分的高程基准面，在最后进行跨缝碾压。

与现况路口接缝处，在现况与新铺路的转弯半径切线处，用切割锯切出直茬至道路基层顶面，并铺设土玻纤土工格栅布固定牢固，不得有翘起、褶皱、断丝，转弯处可剪断拉平，确保铺设平整。

横缝冷接缝发生在摊铺作业结束处和施工中临时被迫暂停处。施工中将横缝处的沥青混合料延长 0.5m 做成斜坡，以免产生"跳车"现象。下一摊铺段施工前，先将 0.5m 范围内沥青混合料铣刨，切成齐茬，在接缝处采用热料进行预热处理。摊铺后先横向跨缝碾压，每压一遍以 10～15cm 向新铺一侧延伸，直至全部碾轮压在新铺的一侧（图 1-124）。

图 1-124 接缝处理

6）路面碾压及成型控制

沥青混凝土下层碾压采用 2 台双钢轮压路机和 3 台胶轮压路机进行碾压，上面层 SMA 仅采用双钢轮压路机。碾压遵循"紧跟、慢压、高频、低幅"的原则。按照初压、复压、终压三个阶段进行，从外侧向中心碾压，碾压按要求控制沥青混合料的碾压温度，碾压轮迹要与路中心平行，必须沿同一个轮迹返回（表 1-11）。

压路机碾压遍数 表 1-11

压路机类型	初压		复压		终压	
	适宜	最大	适宜	最大	适宜	最大
钢同式压路机	1.5～2	3	2.5～3.5	5	2.5～3.5	5
振动压路机	1.5～2（静压）	5（静压）	1.5～2（振动）	1.5～2（振动）	2～3（静压）	5（静压）

压路机碾压时与道路铺装收边石间预留 20cm 左右的宽度，改用小型压路机进行压实。因为路边石较脆，压路机碾压时一定严格控制预留距离。小型压路机碾压时机轮跨在路边石上，保证碾压完成后沥青混凝土面层与路边石高度一致（图 1-125）。

图 1-125　路面碾压

7. 道路施工细部处理

（1）路面井盖细部处理

为了保证有效搜集和排除雨水，雨水口高程应比路面设计高程低 2～3cm，由距井口两侧纵向 1m，横向 0.5m 范围向内按设计要求放坡。多篦式雨水口，其两篦之间应采用沥青混凝土填缝并压实。为保证井盖、雨水口周围观感质量及平顺度，安排专人负责井盖、雨水口的高程和压实度。对周边出现明显离析、有明显拖痕的部位需用人工找补后在离析面筛撒细混合料填补或更换混合料处理，用 1t 小型压路机进行压边最后用加热的墩锤进行细部压实，处理后用手工铲将沥青油压边及嵌缝及时清理（图 1-126）。

（2）检查井周边处理

在检查井井口位置设置现浇钢筋混凝土井圈，实现井圈与井筒脱离，使井圈与四周柔性路面结构形成一个有机的整体，避免不均匀沉陷（图 1-127）。

检查井钢筋井圈结构采用"悬吊支座一体浇筑成套技术"进行施工，井内模采用悬吊或底托，整体浇筑避免墙体根部渗漏现象。

在保证检查井盖与路面衔接平顺，提高行车的舒适度。待底面层摊铺后采用反嵌法处理，安装检查井盖时，顶高度控制在比设计高程高出 2～3mm，并与路坡保持一致。待顶面层沥青摊铺时直接与井盖接顺。

（3）花岗石路缘石施工

大面积施工前必须设置试验段施工，路缘石砌筑稳固，砂浆饱满，外露面清洁、线条顺畅，平缘石不阻水。为保证路缘石缝隙控制在 2mm，安装时，采用侧石内侧标线控制位置、顶部标线控制高程、用水平尺控制相邻块高差，用十字卡固定相邻块保证缝隙均匀（图 1-128）。

为保证路缘石直线段直顺，路缘石线位与检查井筒相撞时，对井室进行改建，将重合井口改移至步道或路缘石外（图 1-129）。

所有曲线段全部在 CAD 图纸绘制，根据现场实际角度、长度定稿后，由厂家定制加

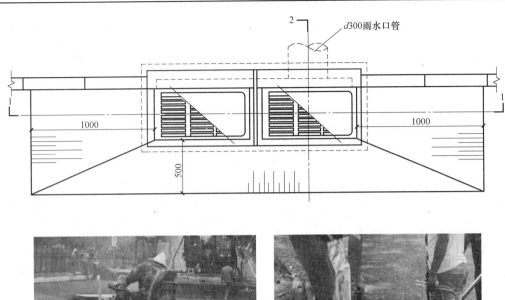

图 1-126　井盖细部控制

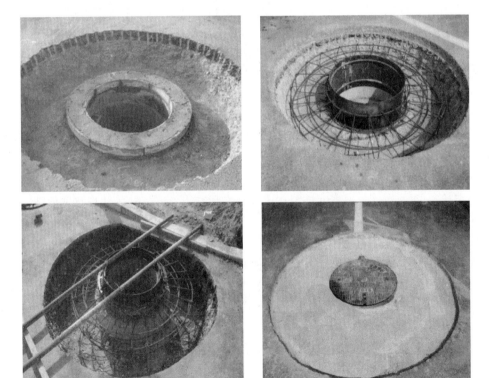

图 1-127　检查井施工控制

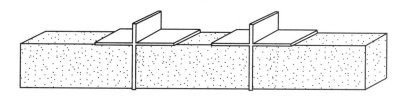

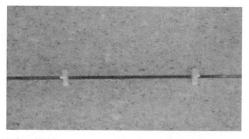

图 1-128　路缘石质量控制

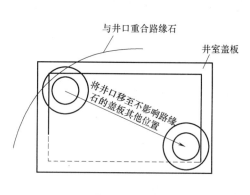

图 1-129　路缘石精细化施工 BIM 效果图

工。安装时，曲线段加密线形控制点，事先计算好每段路口侧、平石块数，进行试拼装，用小型机械切割进行局部修整。根据设计图纸要求进行安装，安装完成后挂线检查，及时回填夯实路肩并立模板浇筑靠背混凝土进行稳固，保证曲线段路缘石角度外形完美契合（图 1-130）。

图 1-130　路缘石曲线施工效果

（4）人行步道铺装控制

工程所有人行步道为石材铺装，在场内选择了一处 $80m^2$（10m×8m）的场地进行了试验段的工作。施工前对道砖进行试排，特别是天然大理石色差变化，需要进行合理排布，保证铺设后效果协调统一（图 1-131）。

图 1-131　步道砖铺设效果

为达到道砖铺装完美效果，采用 BIM 技术进行排砖效果图展示，对检查井、路缘石周围等细部布置进行前期细化设计。

铺装前进行测量放线，严格控制基准点、基准线、基准方网格、基准定位砖，以点控制线、以线控制方格网、以各方格网控制整个段。利用定位砖进行挂线充筋，并列形成多组充筋带，建立起各相邻网格对接。及时复测、验线，确保施工区域方网格精准定位，将砌筑误差消减在各独立砌筑区域内，避免砌筑过程的误差传递。

人行道内全部检查井井盖铺装时，全部采用隐形井盖技术，颜色与整体步道协调统一。人行道垫层浇筑时，设置横梁确保混凝土浇筑的高程与厚度，同时预留检查井外框的位置。在石材铺装前，先将检查井井盖安装到位，再进行步道整体铺装，为保证检查井与铺装面的"无缝"衔接（图1-132）。

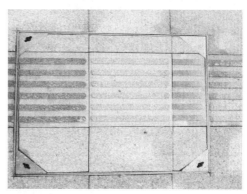

图1-132　检查井盖铺装效果

1.9.5　工程实体情况

1. 道路美观、坚实

道路线形美观，路面平整坚实，路拱饱满；路面与附属构筑物、相交路口衔接平顺（图1-133）。

2. 井盖、井箅安装牢固、平顺

75座检查井盖与路面衔接顺畅，行车经过无振动、无噪声。178座雨水井箅安装牢固、平顺，无井周路面开裂、塌陷现象（图1-134）。

(a) 斑马线、人行步道

图1-133　道路实体效果（一）

(b) 港弯式公交站台、导流岛

图 1-133　道路实体效果（二）

图 1-134　井盖、井箅安装效果

3. 艺术石、地刻石、花坛石点缀美观

路缘石安装稳固直顺，中央分隔带艺术石、公交车站地刻石、树池及绿化带花坛石点缀美化（图 1-135）。

4. 检查井及雨水口砌筑（图 1-136）

图 1-135　艺术石、地刻石、花坛石安装效果（一）

图 1-135　艺术石、地刻石、花坛石安装效果（二）

图 1-136　检查井安装效果

2 轨道交通工程施工新技术

2.1 土压平衡盾构长距离浅覆土下穿湖泊关键技术

土压平衡盾构长距离浅覆土下穿湖泊关键技术针对施工风险极大的富水复合地层土压平衡盾构穿湖隧道施工开展研究，总结形成成套关键技术，填补北京市穿湖盾构施工技术研究的空白，具有很高的经济和推广价值。成果形成了 5 项创新技术：①提出了适用于长距离穿湖施工盾构设备选型理论及研发了配套装备；②改进土体纵向沉降的三维公式；③提出了富水复合地层穿湖隧道的最小覆土厚度修正公式；④提出了整套不截流土压盾构穿湖施工关键施工技术；⑤提出整套不截流土压盾构下穿城市湖泊风险管控技术。

本项技术成功实现了盾构安全快速穿湖，有效控制地面沉降、实现地面微扰动，创造了单班 15 环、单日 26 环、单周 141 环的水下盾构施工纪录，为北京地铁 14 号线提前通车奠定了重要基础，社会环境效益显著，具有很高的推广和应用价值。

2.1.1 工程简介

北京地铁 14 号线某标段，由"一站两区间"组成，区间采用盾构法施工，呈南北向敷设。穿湖段最小覆土仅为 7.6m，平均水深 2.2m，双线穿湖长度 2358m。工程水文地质条件复杂，隧顶处富水砂层，属敏感地层，对沉降控制要求较严格，水下盾构施工超过了 180d，有"距离长、覆土浅、水位高、风险高、时间久"的特点。且湖区无法布设监测点，稍有不慎，将影响工程及环境安全。

本技术研究从工程地质分析入手，以理论模拟分析为基础，先后完成计算模型建立、数值模拟分析、盾构设备选型研制，并提出了整套盾构浅覆土长距离穿越大型湖泊的关键施工技术，填补了北京土压平衡盾构长距离穿湖施工的空白。

2.1.2 工程特点

1. 盾构长距离穿湖，风险持续时间长、发生概率高

盾构穿越湖区水域面积很大，近 0.68km²，盾构区间隧顶距湖底覆土较浅，处于盾构扰动区内，隧顶有富水砂层，属敏感地层，对沉降控制要求十分严格。枣东、朝枣区间为双线盾构区间，水下盾构穿湖段施工时间持续长，发生湖底隆沉开裂、喷涌等风险的概率很高。

2. 进湖段与出湖段，土压变化大，存在开挖面失稳风险

根据地勘报告中地表水影响评价工程，湖底无衬砌，湖区的侧壁以填土为主，侧向对地下水有补给作用。盾构隧道在湖底段掘进时，由于存在砂层，含水量饱和，受到盾构的扰动极易发生液化。在由陆地转向湖区施工时（进湖段）及盾尾脱离湖岸边界范围时（出湖段），盾构刀盘进入边界范围时，土体压力变化突变易造成临界面湖底隆沉变化，因坍塌或地层突变盾构推进压力击穿覆土层，产生裂隙，造成开挖面与湖水

连通，湖水倒灌。

3. 盾尾漏水风险高

部分穿湖区段曲线盾构施工，掘进过程中不可避免地存在纠偏，施工中频繁扰动土体，易造成湖底与开挖面连通，引起大面积塌方，纠偏的同时造成盾尾与管片间隙过大，极易发生盾尾漏水。

4. 盾构通过后，土体固结沉降造成成型隧道失稳

盾构通过后，土体固结沉降造成湖底土体坍塌，湖水沿湖底开裂缝隙流入成型隧道结构侧壁砂层，带动砂层局部流失，造成隧道结构失稳。

5. 易形成喷涌现象

盾构穿湖段淤泥质粉质黏土地层，扰动后易产生渗水现象。当渣土与大量地下水混合成流体状后进入土仓，随着仓内压力的增大，容易形成喷涌现象。

2.1.3　主要施工工艺

1. 施工工艺流程（图 2-1）

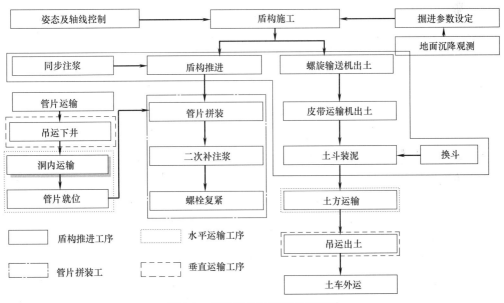

图 2-1　盾构正常掘进工艺流程图

2. 操作要点

（1）土压力设定

土压力值设定主要依据计算土压力及初始掘进摸索出的规律。螺旋输送机的控制方式定为自动，这样螺旋输送机即可根据盾构土仓内的土压自行调节转速，始终保持土仓内的土压尽量稳定。

（2）土压仓塑流化改造

按照确定的加泥、加泡沫的量进行控制，随时观察刀盘、螺旋输送机的扭矩及螺旋输送机排出的土的状态（即塑流性），对泥浆、泡沫的加入量进行调节控制，始终让刀盘及螺旋输送机油压保持正常的数值。

（3）推进速度

推速一般控制为 45～80mm/min；但推速受到多方因素制约，把握原则是匀速均衡推进。

（4）同步注浆

同步注浆为双液浆，A 液为水泥浆，粉煤灰：水＝2：2.3，B 液为水玻璃，A：B＝9：1，盾构每环开始推进 100mm 后时开始进行同步注浆，首先根据实际的推进速度确定注浆的流量，随时根据推进速度及需要注入的总量对其进行调整，当盾构每环推进至 1100mm 左右时，停止同步注浆，进行管路冲洗。同步注浆量，根据监控量测数据进行及时调整，一般按照 1.07%～1.20% 间隙量进行填充，注浆压力一般控制为 0.25MPa。

（5）二次补注浆

为防止同步注浆出现未能完全填充管片外空隙的情况，需要通过管片上的注浆孔对管片外侧进行二次补注浆，二次补注浆安排在拼装管片时进行，注浆量一般为 350～600L；补注浆的压力比同步注浆的压力高 0.10～0.20MPa，以更好地对外部间隙进行填充。

（6）管片拼装

推进一环完成后，首先测量盾构与管片之间间隙以及管片与设计轴线的关系，进而确定采用何种形式的管片及拼装角度，然后方可拼装。

3. 施工关键点

（1）盾构掘进轴线的控制

盾构轴线的控制是盾构工法的重点，掘进时必须注意以下几个方面：

1）控制好掘进的技术参数，如土压、推速等。当土压过低时，不仅容易造成地层的沉降，而且对盾构轴线的控制也有影响，容易造成盾构下沉。注浆压力过大对地层的扰动较大，也会使得盾构向注浆位置的反方向移动，不利于盾构的轴线控制。

2）正确进行盾构千斤顶的编组及分区油压的控制，推进时对千斤顶选择的正确与否直接关系到盾构轴线的轨迹，在盾构轴线控制一节里，针对各种不同盾构轴线位置详细地列出了千斤顶编组及分区油压控制对盾构轴线控制的作用。

3）合理使用盾构的铰接装置，当盾构偏离隧道设计轴线较多、盾构进行小半径曲线施工时或者盾构姿态极差时（见前面对盾构姿态的描述），通过调整千斤顶的编组与选择及分区油压控制都较难以达到目的时，可通过开启盾构铰接装置，具体的操作为：根据盾构的偏离程度计算盾构中每一步的转折角度，先开启盾构的仿形刀进行超挖施工，超挖的长度一般为 3～4 环，然后根据计算调整盾构的中折装置，再辅以千斤顶编组及分区油压控制，进行掘进施工，推进时根据盾构姿态的测量数据随时调整中折角度，直到盾构回到设计轴线上来。

（2）地面沉降的控制

地面沉降会直接危及地面建筑物的安全，掘进中必须要控制好地面的沉降，掘进操作必须注意以下几点：

1）土压升高或降低对地面建筑物都是不利的，容易造成地面的隆起和沉降，所以在掘进过程中要严格保持掘进面的土压稳定，一般所采取的措施为严格控制螺旋输送机的排土量与刀盘的切削土量，控制两者相等；还要根据地层的变化合理地对加泥量及加入的泡沫量进行调整，以更好地改变土体的塑流性，使土体变得更为均匀可以较好地把压力传递至开挖面上，防止开挖面的水土流失过多。

2）同步注浆保证注浆量和注浆压力。

3）注浆时用注浆量和注浆压力进行双控。

4）推进过程中严格控制好推进速度，使推进速度尽量稳定，必须保证盾构的连续稳定作业。

5）据沉降量检测结果及时调整推进速度出土压力、同步注浆量及压力参数。

2.1.4　质量控制要点

1. 盾构始发质量控制措施

（1）为控制推进轴线、保护刀盘，推进速度不宜过快，使盾构缓慢稳步前进，推进速度控制在 10～40mm/min。

（2）一环掘进过程中，掘进速度值应尽量保持恒定，减少波动，以保证土舱压力稳定和出土的畅通。

（3）盾构启动时，盾构司机必须检查千斤顶是否靠足，开始推进和结束推进之前速度不宜过快。每环掘进开始时，应逐步提高掘进速度，防止启动速度过大。

（4）推进速度的快慢必须满足每环掘进注浆量的要求，保证同步注浆系统始终处于良好工作状态。

（5）在调整掘进速度的过程中，应保持开挖面稳定。

2. 盾构掘进质量保证措施

（1）正确使用盾构机所装备的高度现代化的自动实时监控测量指引系统。

（2）在盾构隧道施工之前，要严格按要求建立起一套严密的人工测量和自动测量控制系统，根据自动测量的精度和工程的精度要求决定人工控制测量和复核的内容及频率。

（3）认真做好盾构机的操作控制，按"勤纠偏、小纠偏"的原则，通过严格的计算，合理选择和控制各千斤顶的行程量，从而使盾构和隧道轴线在容许偏差范围内，切不可纠偏幅度过大，以控制隧道平面与高程偏差而引起的隧道轴线折角变化不超过 0.4%。

（4）合理使用超挖刀和铰接千斤顶来控制盾构机的轴线，从而实现对隧道轴线的线形控制。

（5）盾构机掘进的轴线允许偏差为：在直线段和半径不小于 500m 的曲线段，隧道轴线平面和高程偏差 ±50mm；在半径小于 500m 的曲线段，隧道轴线平面和高程偏差 ±80mm。

3. 盾构机到达施工质量保证措施

（1）盾构机到达前检查端头土体加固质量，确保加固质量满足设计要求。

（2）到达前，在洞口内侧准备好砂袋、水泵、水管、方木、风炮等应急物资和工具。

（3）准备洞内、洞外的通信联络工具和洞内的照明设备。

（4）增加地表沉降监测的频次，并及时反馈监测结果指导施工。

（5）橡胶帘布内侧涂抹油脂，避免刀盘刮破帘布而影响密封效果。

（6）在盾构机刀盘距洞门掌子面 0.5m 时应尽量出空土舱中的渣土，减小对洞门及端墙的挤压以保证凿除洞门混凝土施工的安全。

（7）在盾构贯通后安装的几环管片，一定要保证注浆饱满密实，并且一定要及时拉紧，防止引起管片下沉、错台和漏水。

2.1.5 安全控制要点

1. 盾构区间隧道施工

（1）盾构掘进前，充分了解工程地质、水文地质等勘测资料，先期做好周边环境、地下管线、人防工程、地上建筑物修缮情况以及土质条件、残留水存在程度等的调查，制定施工安全技术措施，报监理工程师审批，并按批准的方案施工。

（2）盾构机运输前认真踏勘运输线路，制定详细的运输方案，明确运输中可能有影响的架空线路及障碍，保证运输及线路安全。

（3）盾构机下井吊运时，专人负责指挥，工作竖井内严禁站人。

（4）盾构机起动前，对设备关键部件及润滑情况进行检查，避免部件损坏。

（5）盾构机掘进过程中，注意观察仪表及监控电脑显示数据，查听机械运转声音，及时发现并排除设备故障隐患。

（6）管片及土方洞内运输时，管片及土斗固定牢固，电瓶车限速行驶，并随时检查道轨及枕木状况，确保运输及人员安全。

（7）管片拼装时，管片拼装机旋转范围内严禁站人。

（8）隧道内设置人行步道，严禁在人行步道以外的区域行走或停留。

（9）加强隧道内通风，避免有害气体中毒和氧气含量不足。

2. 提升运输作业

（1）起吊前对龙门吊作安全验算，满足安全要求情况下方可使用，吊车及卷扬机的性能指标满足起吊要求，并有一定的安全贮备系数。起吊时各种设备置于基坑外安全距离外且稳定的地基上。卷扬机应设置牢固的地龙，能够保证提升重物时卷扬机的稳定及安全。使用前要对钢丝绳、卡具等进行检查验收后时使用。

（2）提升系统各部位必须定人定期检查，并严格按操作规程操作。提升井口必须设置安全活动盖板，重物提升出地面后应立即放下活动盖板，保证井下施工人员的安全。

（3）提放吊斗时，上下有统一信号，设专人指挥，下部人员要到安全处躲避，吊斗上粘有泥块需铲泥，严禁将吊斗吊空铲泥。

（4）基坑土方起吊时司机认真操作，严防吊斗撞击钢支撑。

3. 土方及管片吊装

（1）由专人负责指挥提、放吊斗。起吊时，坑内作业人员要躲避在安全处，停止施工，若吊斗上粘有泥土，需要铲除时，必须将吊斗放在地面上铲除，严禁将吊斗悬空铲泥。

（2）起吊作业前，对门式起重机司机进行安全技术培训和技术交底，起吊时，司机要认真操作，精力集中，严禁吊斗撞击钢支撑。

（3）管片起吊时必须确认管片已固定，司机应认真操作，防止管片坠落伤人。

（4）夜间施工必须有充足的照明设施，若有暴雨、大风等天气时，停止施工。

（5）提升架和设备必须经过计算，使用中经常检查，维修和保养，确保安全。

4. 预防空气中毒

（1）通风

由于本工程地下施工时间较长，自然通风不能满足空气正常流通和施工人员正常新鲜空气摄入量。在进行暗挖法区间隧道和盾构区间隧道作业时，采用轴流风机、风筒强制通风，以保证区间隧道内空气新鲜、流通。

（2）有毒、有害气体检测

在暗挖法隧道和盾构区间隧道施工过程中，由安全保卫部专人定期、定时采用气体检测仪器进行有毒、有害气体检测，发现异常及时解决、排除。

5. 机械安全保证措施

（1）各种机械指派专人负责维修保养，并经常对机械的关键部位进行检查，预防机械故障及机械伤害的发生。

（2）机械安装时基础稳固，吊装机械臂下不得站人，操作时机械臂距架空线符合安全规定。

（3）施工中严格执行工程机械基本安全操作规程。

6. 用电安全保证措施

（1）所有用电人员应掌握安全用电的基本知识和所用设备性能，用电人员各自保护好设备的负荷线、地线和开关，发现问题及时找电工解决。

（2）电缆、高压胶管等尽量架空设置，不能架起的绝缘电缆和高压胶管通过道路时采取保护措施，以免机械车辆压坏，发生事故。

（3）所有电气设备及其金属外壳或构架均按规定设置可靠的接零及接地保护。

（4）现场电气设备有漏电保护器，电缆设可靠绝缘，定期检查，发现问题及时处理解决。

（5）各种机电设备均有专人负责管理，电工持证上岗。

2.1.6 环保措施

（1）建立完善的项目经理部绿色施工、环境管理体系，运用科学管理方法组织施工，明确绿色施工、环境保护工作方针和目标，确定人员及相应的职责。实行项目经理负责制，项目经理对施工期间的绿色施工、环境保护管理工作负全面责任，由绿色施工、环境保护专理组负责协调、监督、检查项目经理部各部室、作业队的绿色施工、环境保护工作。

（2）根据本工程实际情况，对项目经理部及各项目分部负责人进行明确分工，落实绿色施工现场责任区，制定相关规章制度，确保绿色施工现场管理有章可循，做到事事有人负责，处处有人管。

（3）施工过程中，对现场实行封闭、半封闭管理，通过对施工过程中人员操作和使用设备的控制，达到减少噪声污染、减少扰民，确保施工生产正常顺利进行。

（4）运输车辆不超载，进出施工现场需严密遮盖，并对车轮进行清理，防止黏滞泥土。

（5）生产、运输过程中产生的各种固体废弃物运送到指定弃土点。

（6）为减少噪声扰民，机械设备尽可能使用低噪声设备，超标准设备要搭棚封闭和降噪。噪声较大的工序、施工至重要地段、大宗材料运输，必要时搭设隔声帷幕。

2.1.7 效益分析

通过对北京地铁 14 号线某标段中土压平衡盾构长距离浅覆土下穿湖泊关键技术的提升、总结，本技术所采用的各项施工技术措施科学合理，工程效果显著。

1. 社会效益

技术研究成果在北京地铁 14 号线某标段得到成功应用，创造了单班 15 环、单日 26 环、单周 141 环的水下盾构的施工纪录。对地铁 14 号线安全顺利建设提供了重要技术支撑。并且提前连通了 6 号线与 14 号线东段的进城通道，部分建设资金提前发挥经济效益，累计客运量超过 4000 万人次，缓解了北京东北部城区的交通压力，社会效益显著，部分成果已被北京地铁 16 号线、7 号线、南京地铁电力隧道等地铁建设采纳推广。

通过技术研究与实践，在水下盾构施工领域取得了关键技术突破，并获得了多项具有自主知识产权的技术和产品。培养了一批技术骨干，壮大了地铁工程建设技术力量。

通过本技术在北京地铁 14 号线某标段工程中的成功应用，证明其避免了线路绕行、湖泊截流和居民临时迁移，节约了大量工程拆迁费用等，保证了工程周围既有建（构）筑物完好无损，应用前景广泛。

2. 经济效益

本技术在北京地铁 14 号线某标段得到成功应用，严格控制了风险工程的变形，直接节约施工成本约 2280 万元人民币；相较截流施工为建设单位节约投资近 2 亿元人民币。

2.2 轨道交通桥梁支座上垫石快速修复关键技术

2.2.1 工程概况

某地铁线桥梁结构定期检测发现左线现浇箱梁端部横梁位置的 5-6B-1、4 号支座上垫石病害严重，主要表现为：垫石虽大部分仍与支座上钢板密贴，但在垫石边缘出现局部混凝土松散、脱落，内部暴露为松散沙土，钢筋发生锈蚀，局部边角向内有 3～5cm 的凹槽等。

垫石作为桥梁中重要的传力构件，起到承上启下的关键性作用，其病害势必危及结构安全，需及时进行修复，以确保上部梁体和下部盆式橡胶支座具有良好的结构性能。因此，亟需对该支座处桥梁上垫石进行病害处理，从而保证线路总体的运营安全。

2.2.2 工程特点与难点分析

1. 工程特点

考虑到轨道交通工程和运营实际情况，支座上垫石原位快速修复通常具有工期短、质量控制严格和技术水平要求高等特点：

（1）本工程位于繁忙地铁线路轨道高架桥处，为了不影响城市轨道交通的正常运营，垫石原位快速修复工程需要在地铁停运后进行。地铁由停运至运营中间只有几个小时的时间，因此垫石原位快速修复施工时间尤为短暂。若地铁运营时垫石承载力尚达不到设计的要求，也应继续保证线路安全可靠。这就要求在停运前，考虑所有可能性，提出简单易行的施工工艺方法，并做好相应的应急预案和备用承载方案，从而对正常运营产生尽可能小的影响作用。

（2）本工程是对轨道交通桥梁支座上垫石的修复工程，垫石的几何尺寸较小，受力较为集中，考虑到垫石结构作用的重要性，需严格保证其施工质量。因此，首先从结构受力性能上，应该保证修复后的垫石能达到设计的强度和变形要求，进而确保结构的安全性。其次修复后的垫石几何尺寸应控制在合理误差范围内，如果误差较大，容易造成轨道不平顺和相邻桥墩的受力不均，进而引发其他的工程和安全问题。

（3）垫石原位快速修复工程对技术水平提出了较高的要求。在施工之前需要进行详细深入的理论分析，研究垫石病害发生机理，进行梁体重力预压托换力学分析和垫石修复承载力时变力学分析，确定临时支座的力学性能，提出合理的施工工艺技术方法，并需要对施工效果进行监测检验。

2. 施工难点分析

垫石修复工程在实际施工过程中也存在着一系列难点，如施工过程紧凑、作业时间短、操作平台小、质量控制严格等。

（1）由于施工需利用轨道交通停运的时间段进行施工，所以整个施工过程一般要在夜间进行，夜间施工的视线比白天施工的视线要差很多，增加了施工的难度。

（2）支座上垫石修复工程的施工平台仅限于支座与梁底之间的范围，在狭小的施工平台上要完成原垫石病害部位的凿除、垫石钢筋网安装、模板搭建、垫石混凝土的浇筑和养护等工艺。对施工来说不仅操作平台小，而且需要完成的工艺种类比较多，每一项工艺都会对最终结果产生重要影响。

（3）在轨道交通停运时间段内需要把支座上垫石修复的主要工艺都施工完毕，每一步工序的时间安排都比较紧凑，不允许出错。这就要求施工工艺必须尽量简单易行，唯有此才能保证在轨道交通恢复运营前完成垫石修复。

（4）考虑到支座上垫石的重要性，在浇筑垫石混凝土后，能否在规定的时间内按照设计要求达到相应的强度是修复垫石的关键问题。因此需要严格按照施工技术要求进行施工，控制施工质量。为了防止在顶升梁体的过程中造成梁体和轨道的脱落或倾斜，需要精确地计算并施加顶升压力和控制顶升位移。

2.2.3　支座上垫石病害治理原位修复机理

为保证线路正常运营，维持桥梁主体结构处于良好状态，并确保施工不会对原桥产生不利影响，要求对病害支座上垫石的治理仍维持梁体的现状位置，即施工前后不改变梁体现状位置及标高。为此，本课题采用垫石病害治理的二次荷载转移法，即通过荷载的两次转移实现垫石修复，该方法的工作机理如下：

（1）首先通过千斤顶进行梁体重力预压托换，即实现支座上垫石的卸载，将其承受的竖向荷载作用转移至临时承载装置（千斤顶）上。

（2）支座上垫石施工，主要包括：现有垫石损伤部分凿除清理，支设垫石混凝土模板，TGM 灌浆料灌浆补强等。

（3）支座上垫石混凝土强度达到承载要求后，卸除临时承载装置，再次转移竖向荷载作用，恢复垫石承载状态。

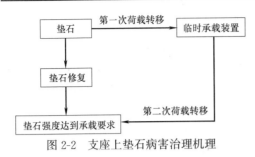

图 2-2 支座上垫石病害治理机理

支座上垫石病害治理机理如图 2-2 所示。

由图 2-2 可见，在整个支座上垫石病害治理过程中，影响施工作用时间的控制性关键节点取决于支座上垫石修复时间，因此，如能加快此施工步骤，使垫石强度能快速达到相关承载标准要求，即可在时间上实现对轨道交通线路的最小影响。

从支座上垫石的损伤破坏力学角度分析，支座上垫石混凝土虽出现开裂破损，但并非全部破坏，实际上，相当一部分混凝土仍保持较好的工作性能。因此，并不需要将整块垫石完全凿除，只需清理掉其中破损部分，这样可降低垫石修复的工作量，进而节约施工时间。值得注意的是，在施工补强过程中，需合理选择灌浆料和相关施工方法，要求垫石中所保留的混凝土部分与新注入材料紧密结合，使修复后的垫石具有良好的力学性能。

此外，还要注意施工过程中，考虑到修复后的支座上垫石混凝土强度增长仍需要一定的时间，需要设置临时支座装置，以承受桥梁自身重力作用，并保证上部梁体和轨道线路安全可靠。

对于桥上轨道，要严格控制梁体重力托换时的预压力值，以防止轨道在预压力作用下发生较大的竖向位移，保证轨道的平顺，并在垫石施工期间，对列车运行速度进行适当的限制。

由上述二次荷载转移法的基本原理可知，在支座上垫石修复过程中，需要对荷载转移时，梁体重力预压托换、垫石承载力的时变规律、临时支座的承载能力等进行准确的力学分析，以确保其施工的安全可靠。

2.2.4 支座上垫石病害原位治理技术

由于目前线路运营正常，桥梁主体结构状态良好，为保证施工不对原桥产生不利影响，故本次对病害支座上垫石的治理仍维持梁体的现状位置，即施工前后不改变梁体现状位置及标高。

1. 前期准备

支座上垫石病害处理在线路停运后进行施工，在施工之前应将监测系统及施工的相关准备工作完成。安装并调试好桥梁端部临时支座。

在晚间停运后提前将原有支撑立柱上临时支座拆除并替换为千斤顶，支柱上千斤顶最大顶力为 2000kN。

提前完成轨道防护设施的安装、检查。为确保安全运营，切实保证施工稳妥可靠，需对轨道结构采取防护设计。施工前，对防护设计范围内的轨道结构采取如下预防性措施方案：

（1）施工中轨道防护里程区间为：起始墩跨径外 15m，终止墩跨径外 15m。

（2）对连续梁两侧各 15m 范围内的钢轨（含钢轨焊接接头）、扣件及道床等进行全面检查，调整后轨道状态满足《北京地铁工务维修规则》中"计划维修"标准的要求。对距离梁缝 15m 以内的焊接接头均采用鼓包鱼尾板进行加固。

（3）当轨温在锁定轨温＋5℃以上时，按《北京地铁工务维修规则》的规定要求，禁止桥梁相关作业；当轨温在锁定轨温－30℃以下时，伸缩区和缓冲区禁止作业。当轨温在锁定轨温－5～5℃范围时，可进行桥梁及轨道的有关作业。

（4）施工前制订周密的监测方案，对轨道几何位形、钢轨位移、钢轨应力应变、轨温及扣件零部件的状态等进行监测。如钢轨焊接接头位于梁端附近时，应在焊接接头两侧设监测点。

（5）支座上垫石病害处理施工的前一天，在5-6B墩处梁缝两侧各设置3根轨距拉杆，间距3m布置，在支座病害处理完成并解除限速后拆除轨距拉杆。

（6）在垫石病害处理施工期间，需密切注意观察扣件及保持其对钢轨的扣压状态。

（7）支座上垫石施工期间，桥梁位置应限速25km/h。在施工完成后同时参考监测数据结果，在确保桥梁支座正常投入工作及线路状态满足《北京地铁工务维修规则》要求时，可解除限速。恢复至平常行驶速度时，按第一趟车恢复60%，第二趟车恢复80%，第三趟车恢复100%的顺序进行恢复。此处的正常行驶速度由线路公司确定。

（8）在支座上垫石处理施工时，相关管理单位派出专业人员进行监护，保护好相关设施。

（9）施工中应保证梁的竖向位移变化小于0.5mm，此梁体顶升位移将不会造成轨道开裂，但相关单位应按《北京地铁工务维修规则》要求做好轨道爬行量过大、轨道竖向位移过大、断轨等突发情况的应急准备，并需确保当天整个线路的正常运营。

2. 施工准备

（1）成立施工项目组织机构，施工技术人员到位，现场调查，核实支座位置、垫石尺寸，加工垫石模板，提前与运营、建安等部门办理好相关手续。

（2）编制专项施工方案，经地铁运营、建安、建管、监理等各方共同认可后，通过后报监理工程师审批实施。

（3）进场的材料有质量合格证明，报监理工程师审批后方可使用。

（4）积极配合地铁运营单位做好相关工作。

（5）加工临时支座、调试同步顶升系统及千斤顶。

（6）对现场施工作业人员提前进行安全技术交底。

（7）为满足施工操作需求，在5-6B墩位原有脚手架进行的基础上对高度和宽度等进行改造、加固、完善，脚手架拟采用扣件式φ48钢管脚手架搭设操作平台，与墩身连接固定，搭设完成后经监理工程师验收合格后方可使用（图2-3）。

（8）为满足设计及施工需求，在现有的临时支撑柱上进行完善、加固，改造后满足图纸及设计要求。

（9）千斤顶预压脱换前先利用4块宽5cm左右厚1～2cm的钢板，将支座两个侧面的上下钢板进行焊接锁死，防止支座变形，并将支座上钢板螺栓稍微松动（图2-4）。

（10）施工前做好准备，提前进行演练，保证在规定时间内完成工作。

（11）施工机械、工具准备：

1）液压千斤顶：8套200t液压千斤顶，顶的高度根据现场及设计图纸需满足施工需求，并备有2倍数量的替换设备（图2-5）。

2）液压泵站系列：包括泵站、油管、分配器等。

3）支撑钢板：临时支座钢板 750mm×250mm×30mm 钢板 4 块，750mm×250mm×47mm 橡胶板支座 2 块，600mm×320mm×30mm 钢板 2 块，600mm×320mm×47mm 橡胶板支座 1 块；$\phi300×30$ 钢板 40 块以上，同时梁底与钢板之间设置橡胶板，数量不小于 2 块；采用大发电机 1 台，小发电机 2 台。施工自备发电机，以保证施工和生活需要。发电机数量应保证足够的备用，以应付现场情况。

图 2-3　脚手架现场布置

图 2-4　现场固定支座钢板焊接

4）电焊机、割炬系列设备。

必要的小型设备：电锤、手锤、冲击钻、电钻、扭矩扳手、活动扳手等其他设备。

（12）人员配备

人员准备：指挥 1 人；液压泵操作人员 1 人；每个或相邻 2 个液压千斤顶配备监控技术人员 1 名，需要 4～6 人；焊工至少 1 人；电工 1 人。其他技术及壮工 10 人。

3. 支座上垫石原位修复施工工艺

高架桥梁的结构如图 2-6 所示，包括主梁 05、支座 01、盖梁 07 和墩柱 08。支座 01 设置在上垫石 02 和下垫石 06 之间，上垫石 02 设置在主梁 05 的梁底，下垫石 06 设置在盖梁 07 的顶部，盖梁 07 由墩柱 08 支撑。

图 2-5　梁端千斤顶现场布设

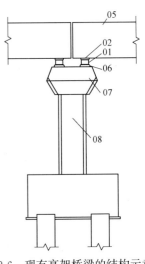

图 2-6　现有高架桥梁的结构示意图

支座的上垫石和下垫石（统称为支座垫石）作为桥梁上、下结构连接重要部件支座的一个辅助部分，它的设置主要是为确保桥梁支座安装、调整、替换的方便。

其实施流程如图 2-7 所示。

步骤 1，在主梁底部和盖梁之间安装第一临时支座。

首先对位于主梁下方的盖梁顶部进行清理，在主梁的底部与盖梁之间安放第一临时支座 09，如图 2-8～图 2-10 所示。该第一临时支座 09 至少为三个，均匀设置在主梁的梁端底部与被清理后的盖梁之间。该第一临时支座 09 的结构如图 2-11 和图 2-12 所示，包括：橡胶板支座 09-1、钢板 09-2 和千斤顶 09-3。钢板可以设置 1 层，也可以设置 2 层，其位于橡胶板支座 09-1 的下方和千斤顶 09-3 的上方。橡胶板支座 09-1 顶部与主梁相接，之所以设置橡胶板支座 09-1，是为了利用其弹性保护其上方的主梁。钢板 09-2 下方设置至少 2 个千斤顶 09-3，千斤顶底部与被清理过的盖梁的顶部密贴。该千斤顶的最大额定顶力 2000kN，采用 PLC 智能控制且带机械自锁功能。

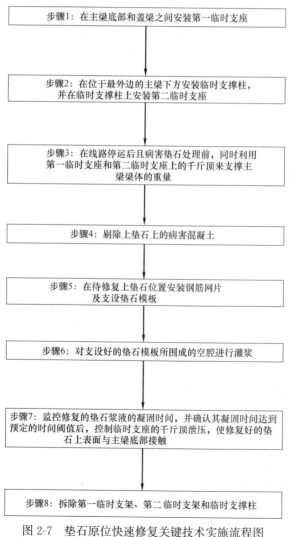

图 2-7　垫石原位快速修复关键技术实施流程图

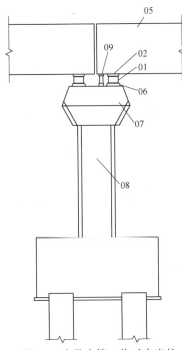

图 2-8　安装有第一临时支座的
桥梁结构的主视图

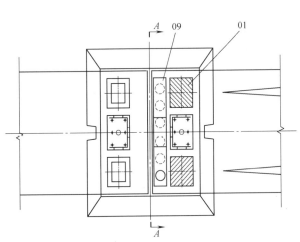

图 2-9　安装有第一临时支座的桥梁结构的俯视图

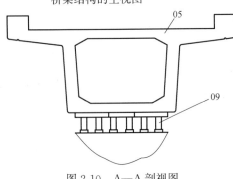

图 2-10　A—A 剖视图

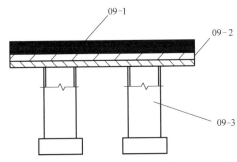

图 2-11　位于边侧位置的第一临时
支座的结构大样图

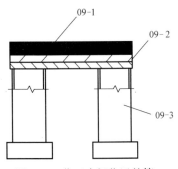

图 2-12　位于中间位置的第一
临时支座的结构大样图

步骤 2，在位于最外边的主梁下方安装临时支撑柱 010，并在临时支撑柱 010 上安装第二临时支座 011（图中未示出）。

在位于最外边的主梁下方安装临时支撑柱 010，该临时支撑柱 010 的中心线与支撑盖梁的墩柱的中心线平行。

在临时支撑柱 010 上设置第二临时支座 011，该第二临时支座的结构与上述第一临时支座的结构相同，同样包括橡胶板支座 09-1、钢板 09-2 和千斤顶 09-3，区别之处是其中的千斤顶 09-3 的最大额定顶力不小于 200t；

橡胶板支座 09-1 顶部与主梁相接，千斤顶 09-3 底部与临时支撑柱的顶部密贴。

经过前面两个步骤后，形成如图 2-13 和图 2-14 所示的结构。

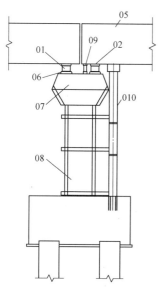

图 2-13 安装有第一临时支座、临时支撑柱及第二临时支座的桥梁结构的主视图

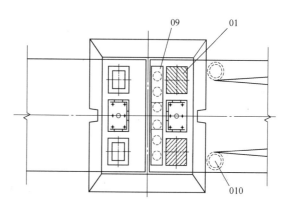

图 2-14 安装有第一临时支座、临时支撑柱及第二临时支座的桥梁结构的俯视图

步骤 3，在线路停运后且病害垫石处理前，同时利用第一临时支座和第二临时支座上的千斤顶来支撑主梁梁体的重量。

在线路停运后且病害垫石处理前，对第一临时支座和第二临时支座上的千斤顶进行预压，使其托换主梁重力，也就是说使千斤顶与上部的钢板 09-2 和橡胶板支座 09-1 一起承载梁重力，读取千斤顶的顶力；确认该千斤顶顶力达到工程设计所预定的顶力值时，进行下道工序施工。

在利用千斤顶托换主梁重力的过程中，采用压力和位移双向控制，保证主梁的梁体不产生大于 0.5mm 的竖向位移。

在使对千斤顶进行预压的过程中，选用计算机同步顶升系统进行预压，该计算机同步顶升系统由 PLC、油泵、相关油管及信号线组成，该计算机同步顶升系统通过对压力可视控制实现对梁体高度密贴及预压。

步骤 4，剔除上垫石上的病害混凝土。

在剔除前，将支座的四周用无纺布或塑料布等材料包裹严密，防止混凝土杂物及浆液落入支座内。

在剔除过程中，针对每个垫石上的病害混凝土，采用对支座扰动较小的电锤等小型设备进行剔除，禁止碰触主梁，剔除受损混凝土并露出基层未损伤的混凝土，将垫石内生锈钢筋网去除，清除浮灰、油污及疏松物，用高压水枪冲洗干净，清理浮水及附着物。

垫石上的病害混凝土被剔除清理后，经设计、监理等验收合格后方可进行下道工序施工。

步骤 5，在待修复上垫石位置安装钢筋网片及支设垫石模板。

首先，将重新设置的钢筋网片按照图纸加工好，并安装在预修复上垫石需要安放钢筋网片的对应位置，直至验收合格。

然后，在待修复上垫石的外侧支设垫石模板。该垫石模板的各个部件提前按照实际尺寸分别加工成型，施工前在待修复上垫石位置进行预拼装加固，安装后组合成一体，用对拉螺栓固定，并用密封胶条和快干型密封胶对垫石模板的接缝处进行封闭。

上述垫石模板的结构如图 2-15 所示，包括：

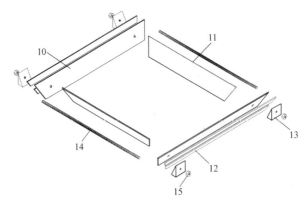

图 2-15　垫石模板的结构示意图

第一面板 10、第二面板 11、背楞 12、角度调整件 13、对拉螺栓 14 和锁紧件 15。

第一面板 10 的长度大于第二面板 11 的长度，根据现场垫石尺寸采用木工机械加工成型。第一面板 10 为两块，形状相同且相对布置；第二面板 11 为两块，形状相同且相对布置在两块所述第一面板 10 之间，并与所述第一面板 10 围成内部空腔，该空腔容纳待修复的上垫石。

背楞 12 为两块，分别设置在相对布置的第一面板 10 的外侧，与第一面板 10 之间用钢钉固定。

为了加固本垫石模板，上述第二面板 11 的外侧也可以设置背楞 12，二者之间用钢钉固定。

上述对拉螺栓 14 的两端头分别穿过相对布置的第一面板 10，该对拉螺栓 14 可以采用 $\phi14 \sim \phi18$ 的对拉螺栓，优选地采用 $\phi16$ 的对拉螺栓。

上述角度调整件 13 根据现场实际角度用方木加工，其套入上述对拉螺栓 14 的两端头，并紧靠背楞 12 的外侧，并用与上述对拉螺栓 14 配套的锁紧件 15（如螺母及垫圈）紧固。

上述垫石模板结构的侧边还开设灌浆孔并穿入灌浆管 17。该灌浆管 17 的最低端高出支座上垫石的上表面。该灌浆管 17 的一端插入该灌浆管并密封，另一端高出垫石模板结构的上表面（图 2-16、图 2-17）。

上述垫石模板结构还埋设一个或多个排气管 16。该排气管 16 可以埋设在垫石模板结构的侧边。排气管 16 埋设在垫石模板结构的侧边时，需要对应地在垫石模板结构的侧边开设多个排气孔 16 并在其与排气管 16 配合处密封好。排气管 16 埋设在内部空腔中时，该排气管 16 的最低端高于上垫石 02 底部的上钢板 03 的上表面，最高端高于垫石模板结构的上表面。

为了保证脱空部位灌浆充实，其中一个排气管 16 连接有弯头，其弯头的另一端朝上，弯头的另一端还可连接有与排气管相匹配的加高管；同样，其中一个灌浆管 17 连接有弯头，其弯头的另一端朝上，弯头的另一端还可连接有与灌浆管相匹配的加高管。这样可以保证排气管或者灌浆管的最高端与最低端的距离不小于设定的高度差阈值，从而能够保证脱空部位灌浆充实。

使用本垫石模板结构时，需要在待修复的上垫石的四周现场组装。组装时，先将一对背楞 12 分别放置在两块第二面板 11 的外侧，然后将第一面板 10 分别穿入对拉螺栓 14 的两端头，其次在对拉螺栓 14 的两端分别依次安装角度调整件 13 和锁紧件 15；将两块第二面板 11 对称布置放置在第一面板 10 的内侧，并用锁紧件 15 预紧；接着调整第一面板 10 和第二面板 11 的位置，使其紧贴待修复的上垫石；最后通过锁紧件 15 加固锁紧，形成模板主体，用密封胶条和快干型密封胶对模具接缝处进行封闭；然后埋设排气管 16 和灌浆管 17，并将其与垫石模板结构开孔的位置密封好，形成如图 2-16、图 2-17 所示的结构。

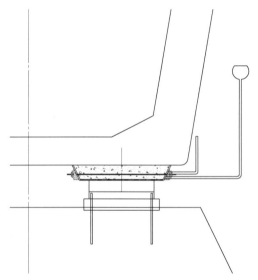

图 2-16　对上垫石实施灌浆后的结构示意图

图 2-17　支座垫石灌浆

步骤 6，对支设好的垫石模板所围成的空腔进行灌浆。

支设的垫石模板经检查验收无误后，利用高强修补砂浆（TGM）灌浆料，采用重力灌浆法对垫石模板所围成的空腔进行灌浆。该 TGM 灌浆料的流动度大于 300mm，泌水率 0%，抗压强度要求 2h 大于等于 30MPa，28d 大于等于 50MPa，抗折强度要求大于等于 10MPa，28d 自由膨胀率 0.02%～0.1%。

现场施工时，首先按配合比加入相应数量的水即可，采用机械搅拌，根据需要的体积计算所需灌浆料的用量，先加入拌合用水，然后边搅拌边加干料，搅拌至均匀后备用。然后实施灌浆：将搅拌完成的灌浆料缓慢倒入灌浆管，在重力作用下，灌浆料填充密实修补上垫石的空腔，待上表面流出浆料时，完成灌浆。

步骤 7，监控修复的垫石浆液的凝固时间，并确认其凝固时间达到预定的时间阈值后，控制临时支座的千斤顶泄压，使修复好的垫石上表面与主梁底部接触。

步骤 8，卸掉第一临时支座、第二临时支座和临时支撑柱。

通过以上步骤能够完成轨道交通桥梁支座上垫石原位快速修复，但是在施工过程中，可能遇到不能按计划时间完成或垫石强度不能达到要求的情况，此时需要采取一些应急保障措施：停止施工，并立即启动临时支座为应急保障措施，将临时支座的千斤顶根据设计要求进行预压并使设置在其上部的橡胶板支座密贴主梁梁底，并锁死该千斤顶，以保证当天处理的病害垫石不受力及第二天地铁的正常运营。

上述实施例中，也可以不包括步骤 8，即保留第一临时支座、第二临时支座和临时支撑柱。

4. 轨道监测（表 2-1）

（1）支座上垫石施工时，对轨道高程变化、钢轨应力进行实时监测。监测点设置在 4-6B 墩桥梁梁缝及两端各 7.5m、15m 处及直线及曲线相交处（即每股钢轨共设测点 6 处）。轨面高程变化应小于 ±1mm，预警值为 0.8mm，报警值为 0.9mm，控制值为 1mm。钢轨应力预警值为 1.4MPa，报警值为 1.6MPa，控制值为 2MPa。达到预警值时应及时分析原因，采取措施进行调整。

（2）对轨道防护范围内轨道结构轨距、水平、高低、方向变化及线路偏差进行静态监测。

（3）扣件松开及复拧时，应监测并记录轨温，并进行轨道爬行观测。轨温监测点设置在桥梁顶升处（即每股钢轨设测点 1 处）。在施工之前 1 周内应记录每天的轨温值作为施工依据。

（4）轨道爬行监测点设置在桥梁顶升处及两端各 7.5m、15m 处（即每股钢轨共设测点 5 处），控制值为 2mm。

监测项目及控制标准　　　　表 2-1

序号	监测对象	监测项目	预警值	报警值	控制值
1	轨道	轨面高程	0.8mm	0.9mm	1mm
2		轨道温度	/	/	/
3		轨道爬行量	/	/	2mm
4		钢轨应力	1.4MPa(40$\mu\varepsilon$)	1.6MPa(46$\mu\varepsilon$)	2MPa(58$\mu\varepsilon$)
5		轨距、线路偏差等	/	/	/

（5）病害支座的桥梁端部两侧各 15m 范围内，每日停运后，应对轨面标高进行监测，若作业后的轨面几何状态不符合《北京地铁工务维修规则》中的规定，应进行调整。

5. 应急措施

梁端临时支座作为应急保障支撑措施。在支座上垫石未能按预定时间处理完成时，可启动临时支座千斤顶支撑梁体，保障运营。临时支座采用千斤顶+钢板+橡胶支座式，分为 3 块设置于箱梁端部，每块下方设置 2 个带机械自锁功能的千斤顶，千斤顶最大顶力 2000kN。千斤顶顶部设置 2 块 3cm 厚钢板及 1 块橡胶板。在垫石未能处理完毕或强度未达到要求时，将临时支座千斤顶对梁体施加顶升压力，将梁体重量进行托换，保证当天处理的病害支座不受力。

6. 施工统筹

病害处理施工计划按 3d 进行，第一天和第二天主要工作为施工准备工作：支搭工作平台，安装临时支座，安装监测系统，拆除原梁端临时支座，安装梁端临时支座，安装轨距拉杆，逐个拆除原顶升立柱上临时支座并替换为千斤顶。

在施工当天停运后，首先采用千斤顶进行顶升托换，千斤顶施加压力托换梁重，保持梁体高程不变，压力稳定后锁死。

支座上上垫石病害处理施工时间计划为：

(1) 支座垫石凿除清理，60min。

(2) 设置模板，30min。

(3) 压力灌浆，同时制作现场试块，30min。

(4) 现场清理及垫石养护，同时检查调整轨道，每 30min 检查一次垫石强度，120min。

整个病害处理施工需保证在当日运行通车之前即可完成。

若支座上垫石强度达到要求，则千斤顶卸载脱离梁体，使原支座受力。若垫石强度尚不能达到要求，则临时支座千斤顶预压 10~15t 密贴梁底并锁死，并要保证梁体竖向位移小于 0.5mm，同时立柱上的千斤顶密贴梁底并锁死。

在施工中，主要的修复技术指标有：①要求垫石混凝土强度在施工 2h 后达到设计要求；②梁体竖向位移不能超过 0.5mm。

2.2.5 结论

由上述的技术方案可以看出，该垫石修复技术施工非常简便，只需要托换承载主梁的重量即可，不需要使主梁产生很大的位移，也不需要拆除和更换支座，因此施工时间短、费用低、对现有线路影响小，对今后类似支座垫石病害治理施工具有指导意义。

2.3 分区不等强注浆控制既有结构变形关键技术

注浆加固技术可以有效控制地层及既有建（构）筑物的沉降，并且具有高效、易控制、经济的优点，作为预加固建（构）筑物的手段在地下工程建设中得到了广泛的应用。目前，注浆预加固技术多是从控制既有建（构）筑物沉降入手考虑的，采用单一强度浆体加固地层，并没有充分考虑建（构）筑物差异沉降和结构协调变形，而不等强注浆加固技术则是旨在克服目前单一强度浆体注浆的不足，利用分区域注浆加固的办法尽量减少既有建（构）筑物的差异沉降值，使得既有结构物的变形在可控范围内。

2.3.1 依托工程概况

1. 工程简介

北京地铁 16 号线某区间南侧下穿既有线暗挖隧道，区间标准段采用单洞单线暗挖马蹄形断面形式，左右线线间距为 5.2~20.2m，覆土厚度 12.27~22.07m。隧道开挖尺寸宽×高为 6.3m×6.42m，格栅钢架间距为 0.5m，采用台阶法施工，新建区间隧道标准断面如图 2-18 所示。

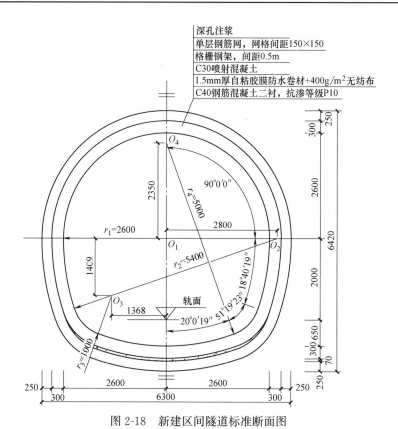

图 2-18　新建区间隧道标准断面图

根据《穿越城市轨道交通设施检测评估及监测技术规范》DB11/T 915，并结合区间隧道下穿段周边环境，确定该段南侧区间结构变形控制指标如表 2-2 所示。

南侧区间结构变形控制指标（单位：mm）　　　　　　　　　　表 2-2

监测工程	控制指标	预警值	报警值	控制值
4 号线某区间	竖向变形	−2.1、0.7	−2.4、0.8	−3、1.0
	横向变形	1.5	1.7	2.18
	管片错台量	2.8	3.2	4
	管片环、缝张开值	1.4	1.6	2

注：竖向变形以上浮为正、下沉为负。

2. 工程地质与水文地质概况

本次勘察揭露地层最大深度为 55.0m，根据钻探资料及室内土工试验结果，可以将本次隧道下穿既有线工程场地勘察范围内的土层按照地质年代和地层的成因划分为五大类，分别是：第四系全新统人工堆积层（Q4ml）、第四纪新近沉积相地层（Q42＋3al＋pl）、第四纪全新世冲洪积相地层（Q41al＋pl）、第四纪晚更新世冲洪积相地层（Q3al＋pl）和古近系基岩，并能够按照地层与岩性特征进一步分为 12 个大层。

区间主要穿越土层为卵石⑤层、卵石⑦层、粉质黏土⑧层、卵石⑨层，根据勘察结果，区间底板以下土层主要为粉质黏土⑧层、卵石⑨层，其下卧土层除了局部为粉细砂⑧3 层，其余均为卵石⑨层。其地基土的基本承载力最小为 240kPa，是良好的天然地基持力层，各土层的稳定性和适宜性良好。

潜水（二）：水位埋深17.06m，水位标高为32.00m，观测时间为2015年8月，含水层为卵石⑤层，下伏隔水层为粉质黏土⑥层和粉土⑥-2层，主要接受越流和侧向径流补给，主要以越流、侧向径流方式排泄；粉质黏土⑥层和粉土⑥-2层层厚较薄，且粉土⑥-2层为弱透水层，且局部与卵石⑦层连通，在地表水补给条件较差时该层潜水易消失，仅在地下水补给较好的条件下存在。

层间水（三）：水位埋深28.95m，水位标高20.11m，含水层为卵石⑦层、卵石⑨层，观测时间为2015年8月，主要接受侧向径流及越流补给，以侧向径流、人工开采方式排泄。

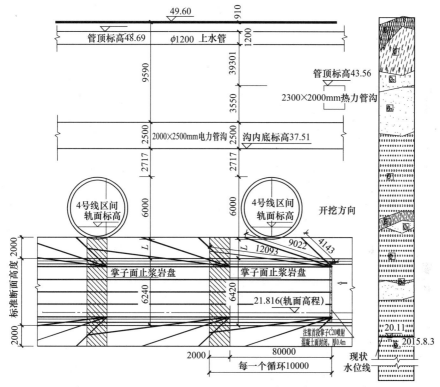

图2-19 该区间隧道下穿既有线剖面图

勘察时未揭露上层滞水，但不排除大气降水，管道泄漏等原因形成上层滞水的可能。

区间拟建场地GS12号孔附近下穿动物园湖，湖面标高为47.41m，湖水深约为3.9m，湖底无衬砌，且淤泥较薄，约40cm，湖水对拟建工程施工具有一定的影响，设计及施工过程中应充分考虑其不利影响。

区间拟建场地穿越南长河，南长河宽约18m，河底为500mm×500mm×100mm混凝土预制板，下铺20mm厚干硬性水泥砂浆，河内常年有水流，水深约1m，正常水位47.5m。

3. 工程难点分析

（1）依托工程新建地铁区间隧道顶部与既有4号线区间底板净距约1m，按照隧道近接施工的近接程度划分标准属于超小净距下穿范畴，同时穿越地区地层条件较差，属于砂卵石地层，在这种条件下新建隧道施工对既有线的影响较大。

（2）既有地铁 4 号线在新建地铁区间下穿期间仍在运营，如何保证穿越施工过程中既有线的安全运营是本次施工的难点和重点所在。因此，本项工程制定的既有盾构隧道区间结构的变形控制指标较严格，沉降变形的控制值在 3mm 之内，这同样增加了新建隧道的施工难度。

（3）新建地铁区间下穿既有线施工过程中采用了注浆预加固的办法，在砂卵石地层中进行深孔注浆时，普遍存在成孔困难、易塌孔的问题，这些问题的存在也直接导致整个开挖进度缓慢，直接影响了工期，因此施工过程中注浆工艺的选择也很关键。

（4）新建地铁区间与既有盾构隧道在空间位置上呈四线交叉状态，按照总体施工方案，新建右线下穿既有线施工完成后，新建左线会随之穿越既有线。由于新建地铁区间对既有线的二次扰动，又会增加控制既有线结构变形的难度。

4. 隧道下穿既有线总体施工方案比选

通过对国内外隧道下穿既有线施工采用盾构法和台阶法的案例进行调研，对盾构法方案和台阶法方案进行技术经济比选，得出采用盾构法和台阶法在隧道下穿既有线中应用时，两者主要的经济技术指标对比如表 2-3 所示。

由下表的分析可以得出以下结论，虽然从施工安全性、施工工期和机械化程度等方面看，盾构法要优于台阶法施工，但具体到工程案例中的砂卵石地层，同时结合既有地铁 4 号线沉降变形控制标准 3mm 的要求，台阶法在沉降控制、隧道力学特性和工程造价方面均有优势。因此综合考虑，北京地铁 16 号线某区间南侧下穿既有 4 号线某区间采用台阶法施工，排除盾构法方案。

盾构法方案与台阶法方案比较 表 2-3

经济技术指标	盾构法	台阶法
沉降控制	砂卵石地层全断面开挖，盾构前上方一定范围内地层的沉降难以防止，对于既有线的沉降控制不利	分为上下两台阶开挖，开挖之前预先对掌子面和夹层土进行了深孔注浆，对既有线结构的沉降影响较小
隧道力学特性	盾构法管片刚度较大，由管片承担全部的围岩压力，不利于围岩压力的释放	暗挖法开挖秉承了新奥法的理念，初支作及时同时具有一定程度的柔性，有利于围岩压力的释放
机械化程度	机械化运用水平较高，劳动强度低，与暗挖法相比，减少了施工工序中的劳动力投入	台阶法开挖自动化程度低，至少需要 2 个台班进行施工作业，劳动力投入程度高
安全性	在盾壳的支持下，进行开挖和支护，安全性较高	采用人工开挖和支护，安全性差，易出安全事故
施工工期	机械化开挖，每日进尺在 10m 以上，区间隧道采用用盾构法施工工期较短	人工开挖，每日进尺在 2～4m 左右，区间隧道采用台阶法施工，工期较长
工程造价	盾构的购置费比较昂贵，对施工区段短的工程不太经济	不需要借助大型的机械设备，施工成本较低

2.3.2 现场注浆方案及监测数据分析

在北京地铁 16 号线某区间南侧下穿既有 4 号线某区间暗挖隧道工程中，运用横向不等强注浆技术对既有区间隧道结构的变形进行控制。为了验证不等强注浆技术的效果，本节收集了 2016 年 6 月 27 日至 9 月 29 日，区间南侧下穿既有线的监测数据，并通过监测数据和数值模拟的对比来研究不等强注浆技术在隧道下穿既有线中的应用。

1. 现场注浆方案

新建地铁区间在开挖支护过程中下穿既有线等风险源,在下穿施工之前必须采用深孔注浆进行前方土体预加固,以保证施工安全及上方构筑物安全。预先根据设计要求划分注浆区段,深孔注浆段为10m一循环。根据现场施工情况决定采用全断面深孔注浆的方式,在深孔注浆前对开挖作业面按照设计要求进行挂网喷混临时封闭掌子面,并施作止浆墙,止浆墙采用400mm的C20喷射混凝土墙。注浆孔布置由工作面向开挖方向呈辐射状,钻孔布置成环,保证注浆充分,不留死角,浆液扩散半径0.5～0.75m,开孔直径46mm。现场实际注浆施工必须实施动态风险管理,利用监测数据和风险记录,对施工期间风险进行动态跟踪及控制。

(1)注浆范围确定

现场注浆方案根据不等强注浆的理念进行确定,通过小导管在空间的分布密度不同实现横向不等强注浆。隧道周边及顶部小导管的分布密度较大,因而其注浆后形成的结石体强度较大;而隧道两侧非下穿既有线的区域小导管的分布密度相对较小,因而其注浆后形成的结石体强度较小。

注浆范围根据风险源情况,按照设计要求采取,具体注浆范围如图2-20、图2-21所示。

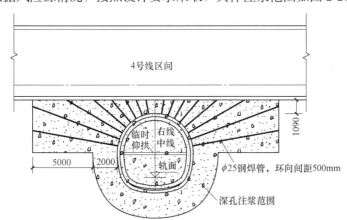

图2-20　南侧下穿既有4号线注浆示意图之一

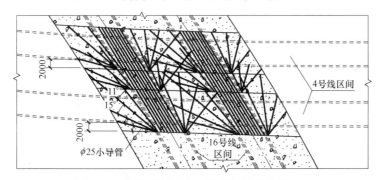

图2-21　南侧下穿既有4号线注浆示意图之二

(2)注浆压力控制及浆液选择

针对洞内地质条件特点,注浆压力一般控制在0.5MPa,并根据现场试验情况及现场施工实际情况随时调整。当压力突然上升、下降、浆液溢出时,应立即停止注浆,必须查明异常原因，采取必要的措施（调整注浆参数、移位、打斜孔等方式）方可继续注浆。

注浆浆液宜选择快凝早强型微膨胀水泥单浆液，现场实际工程中水泥浆采用普通硅酸盐 P.O.42.5 水泥，水泥浆的水灰比为 1:1，添加剂为减水剂、膨胀剂、早强剂和无收缩灌浆剂。

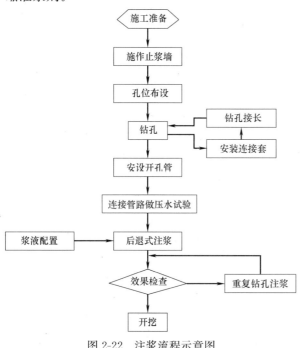

图 2-22 注浆流程示意图

（3）注浆工艺流程

在进行注浆作业时，先在隧道的开挖面施作喷射混凝土止浆墙，在掌子面施放布孔位置，再采用钻机成孔，开孔直径 46mm，成孔时应跳孔施作，钻机成孔一次钻孔长度最长为 10m 左右，到达钻孔深度后边退钻杆边注浆，当注浆压力达到 0.5MPa 时，停止注浆，钻杆后退 50cm，然后继续注浆，达到 0.5MPa，循环此工序。保证每段注浆加固效果，最后对注浆效果进行验证后破掌子面开挖。具体流程如图 2-22 所示。

2. 现场监测方案

既有 4 号线隧道结构沉降采用人工监测的方法，既有盾构隧道左右线共布置有 15 个监测断面，区间南

侧下穿既有线下穿中心点前后 10m（4~12 监测断面）为重点监测区域，测点布设平面图如图 2-23 所示，既有隧道结构内的测点布置如图 2-24 所示。

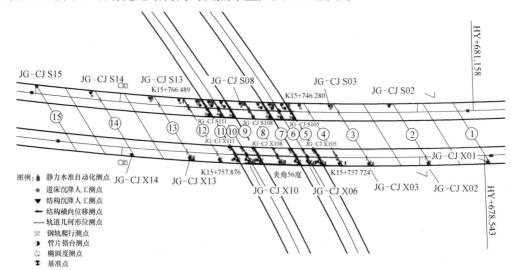

图 2-23 既有区间隧道结构沉降测点布置平面图

工程自 2016 年 6 月 27 日起，开始下穿既有 4 号线的施工，采用新建地铁区间右线先行，先施工右线，待通过下穿影响范围后再施工左线的方法。截至此次监测数据的 9 月

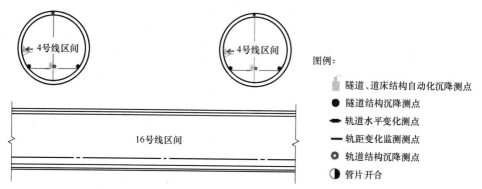

图例：

▨ 隧道、道床结构自动化沉降测点

● 隧道结构沉降测点

→ 轨道水平变化测点

— 轨距变化监测测点

◎ 轨道结构沉降测点

◐ 管片开合

图 2-24　既有区间隧道内结构沉降监测点布置示意图

29 日，新建地铁区间右线已通过既有 4 号线左线，即将到达既有 4 号线右线中心处，记录本次监测数据时机的新建 16 号线隧道施工进度如图 2-25 所示。

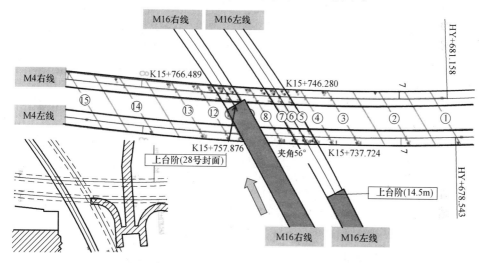

图 2-25　新建 16 号线隧道施工进度示意图

3. 监测数据分析

根据测点布设平面图的布置，监测点 JG-CJ_S15～JG-CJ_S02 和 JG-CJ_S111～JG-CJ_S105 自西到东，依次布置在既有地铁区间上行隧道结构（右线）的北侧和南侧；监测点 JG-CJ_X14～JG-CJ_X01 和 JG-CJ_X111～JG-CJ_X105 依据同样的布置原则，自西到东依次布置在既有地铁区间下行隧道结构（左线）的北侧和南侧。待新建地铁区间右线通过既有 4 号线左线中心后，测得既有盾构隧道结构的沉降累计值如图 2-26、图 2-27 所示。

由图 2-27 中的隧道结构的沉降监测数据可知，目前既有隧道结构的实测最大沉降值为 2.42mm，发生在测点 JG-CJ_X110 处，为新建隧道区间的中心线与既有盾构隧道结构的交点处；同样监测点 X14～X01、S15～S02 及 S111～S105 处沉降累计值的最大值也发生在新建隧道区间右线中心线与既有盾构隧道结构的交点处或其附近位置，这是由于下穿既有线施工的进行，隧道掌子面推进到此处，既有线下方的地层产生缺失带来的影响；同样监测点处的沉降累计值的最大值均小于地铁 4 号线南侧区间结构变形 3mm 的控制指标，这说明不等强注浆在区间下穿既有线工程中起到了作用。

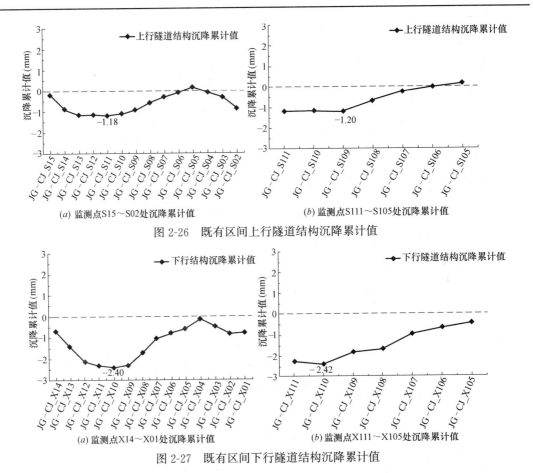

(a) 监测点S15~S02处沉降累计值   (b) 监测点S111~S105处沉降累计值

图 2-26 既有区间上行隧道结构沉降累计值

(a) 监测点X14~X01处沉降累计值   (b) 监测点X111~X105处沉降累计值

图 2-27 既有区间下行隧道结构沉降累计值

为进一步说明问题，将既有区间左线隧道结构测点 JG-CJ_X111~X105 处及 JG-CJ_ X14~X01 处监测值和模拟值放在一起进行对比，如图 2-28 所示。

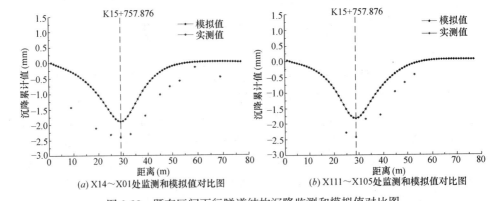

(a) X14~X01处监测和模拟值对比图   (b) X111~X105处监测和模拟值对比图

图 2-28 既有区间下行隧道结构沉降监测和模拟值对比图

由图 2-29 可以看出，既有区间左线隧道结构测点 JG-CJ_X111~X105 处及 JG-CJ_ X14~X01 处沉降累计值的规律，监测结果和模拟结果基本保持一致，都是在新建隧道下穿既有线处出现极值。X14~X01 处监测结果的最大沉降值是 2.40mm，模拟结果的最大沉降值是 1.89mm。X111~X105 处监测结果的最大沉降值是 2.42mm，模拟结果的最大沉降值是1.82mm。由于实际工程的复杂性和影响因素的不确定性，监测值沉降槽的宽度和深度略大于模拟值，但大致规律基本相同。

取既有区间左线隧道结构监测点JG-CJ_X09、JG-CJ_X10和JG-CJ_X11为隧道结构沉降变化特征点，测得其隧道下行结构沉降变化特征点历时曲线如图2-29所示。

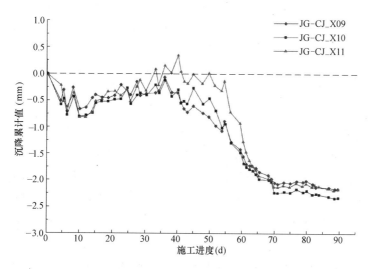

图2-29　既有区间下行隧道结构沉降变化特征点历时曲线图

由图2-30可以看出，特征点JG-CJ_X09、JG-CJ_X10和JG-CJ_X11处的沉降累计值随时间的变化规律大致相同，都是先增加，中间略有降低，最后逐渐趋于稳定。特征点JG-CJ_X09、JG-CJ_X10和JG-CJ_X11处的沉降累计值最终分别稳定在2.16mm、2.33mm和2.17mm附近。施工进行到第35天，右线距既有4号线左线结构外墙0.5m，掌子面进行了封面处理，进行超前深孔注浆加固，此时由于注浆的影响，地层略有抬升，既有隧道结构的沉降值略有降低；施工进行到第45天，超前深孔注浆加固结束，进行开挖初期支护，开挖进度每天0.5m，此时既有隧道结构的沉降值随着开挖的进行而继续增加；施工进行到第60天，右线距既有4号线左线结构外墙9.5m，新建隧道即将下穿既有盾构结构，此时沉降值的增长速率增加，表现在历时曲线图上为沉降值的剧增；施工进行到第70天时，右线进入既有4号线左线结构外墙11.5m，此时右线出结构外墙，随着新建隧道掌子面逐渐驶离既有盾构结构中心线，沉降值最终逐渐趋于稳定。

为进一步说明隧道结构沉降变化随施工进度的关系，将既有区间左线隧道结构测点JG-CJ_X10处监测值和模拟值的历时曲线放在一起进行对比，如图2-30所示。

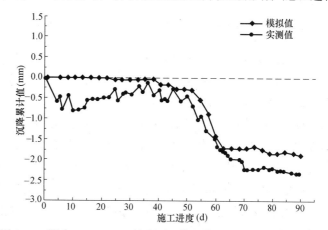

图2-30　测点JG-CJ_X10处监测和模拟值的沉降历时曲线对比图

由图 2-29 可以看出，测点 JG-CJ_X10 处的沉降累计值随时间的变化规律监测结果和模拟结果基本相同，都是随着新建隧道施工的进行，沉降累计值先增加，后来随着新建隧道掌子面逐渐远离测点位置，而逐渐趋于稳定。监测结果的沉降累计值最终稳定在 2.30mm 左右，而模拟结果的沉降累计值最终稳定在 1.90mm 左右。由于数值模拟的条件都是理想化的，所模拟的地层条件也是单一的，因此在现场实际监测中，监测到的沉降值会因为实际工程条件的复杂性而略大于沉降值的模拟结果，但是数值模拟结果和现场实测结果的规律仍保持着一致性。

2.3.3 小结

本节以浅埋暗挖法新建地铁区间超小净距下穿既有盾构隧道的工程案例为背景，研究了不等强注浆技术在隧道近距离下穿既有线中应用的可行性。通过现场监测数据分析可知，监测结果均在北京地铁 4 号线某区间结构变形控制标准之内。与以往的等强度注浆加固相比，不等强注浆技术更加节省材料、性价比更高、控制差异沉降的能力更强。由于不等强注浆加固技术的众多优点，将来随着城市轨道交通的大发展，不等强注浆加固技术必将获得更加广阔的发展空间。

2.4 狭小空间内盾构解体平移施工关键技术

近年来，国内许多城市都在大规模地新建地铁，盾构法由于具备多种优势而被广泛运用于区间隧道施工，地铁隧道也越来越多地穿越城市中心区域，盾构施工场地因此越来越多地设在繁华的市中心。繁华地段或人口众多的老城区对施工场地必然有约束。在城市地铁盾构隧道施工中，由于受地面建筑物等条件限制，有时只能采用矿山法来开挖车站，这使得盾构通过空间的高度和宽度都极为有限。

城市地铁盾构机接收井往往受地面条件或地下管线的限制，不具备盾构主机直接起吊条件，需要将盾构主机整体平移或分体后平移后，到达吊出口后吊出。本课题依托北京地铁 8 号线某标段在盾构接收井暗挖横通道内盾构机接收、解体、平移为例，介绍了盾构机的解体、侧向平移施工关键技术。

2.4.1 工程概况

北京地铁某标段工程包括一站两区间，主体采用明挖法施工（图 2-31）。

盾构接收井由接收竖井和暗挖横通道组成，竖井净空尺寸为 8.0m×10.0m；横通道长×宽×高为 42.01m×8.0（10.0）m×10.0（11.0）m。盾构机到达接收位置后，要在距地面近 26m 的地下，宽度仅为 10.0m 的暗挖横通道内，完成盾构接收、解体、侧向向西平移 26.01（右线）（左线 41.16m）距离，才能将其吊到地面，完成盾构转场施工。盾构接收井横通道如图 2-32、图 2-33 所示。

在空间如此狭小的暗挖横通道内，要完成 2 次盾构接收、解体、侧向平移至竖井，完成盾构吊装转场等施工任务，限制条件多、难度大、风险高，在北京地铁隧道施工中尚属首例（图 2-34）。

124

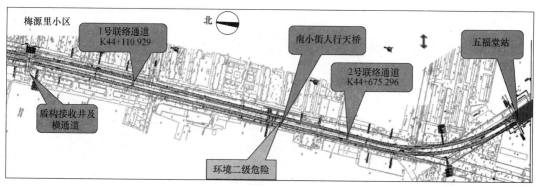

图 2-31　北京地铁某标段工程平面示意图

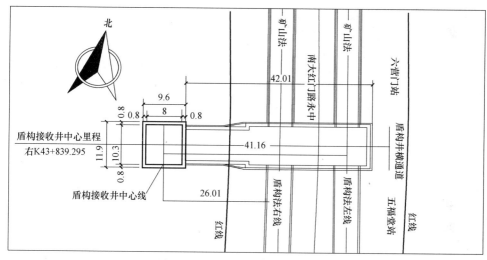

图 2-32　盾构接收井横通道平面图

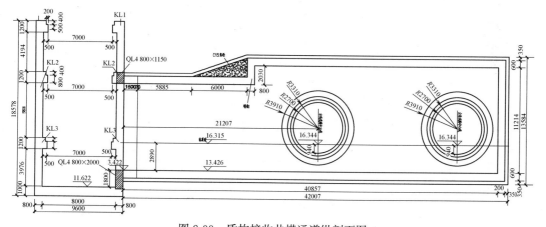

图 2-33　盾构接收井横通道纵剖面图

图 2-34　狭小空间的现场照片

2.4.2　施工筹划及准备工作

1. 组织机构及人员安排

盾构接收是盾构法施工很重要的一个工序，除周边环境的不良影响因素外，现场施工组织、安全、质量控制等各个环节都很重要，要组建一个强有力的领导指挥小组，确保各项工作顺利进展的有效性、技术方案的可行性、施工过程的安全性（图 2-35）。

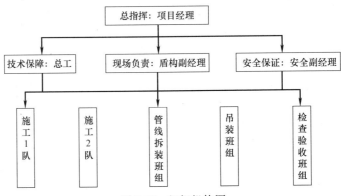

图 2-35　组织机构图

在如此狭小的空间内，按时完成盾构接收、解体、平移及吊装是一项风险大、难度高、富有挑战性的系统工作，其牵涉面很广，需要电工、信号工、焊工等各工种相互配合、支持才能有效实施，因此需要组织各工种足够的劳动力保障（表 2-4）。

劳动力计划表　　　　　　　　　　表 2-4

序号	工种（工作内容）	工种人数（名）	备注
1	盾构接收、平移、解体	20	分2个班组
2	盾构设备管线（路）拆装	20	分2个班组
3	电工	2	特殊工种、持证上岗
4	信号工	4	特殊工种、持证上岗
5	履带吊司机	2	特殊工种、持证上岗

序号	工种(工作内容)	工种人数(名)	备注
6	质检人员	3	持证上岗
7	安全员	2	持证上岗
8	气焊工	10	特殊工种、持证上岗
合计		63	

2. 施工机具及材料（表 2-5）

盾构平移机料具配置表 表 2-5

序号	名称	型号	单位	数量	备注
1	接收架		套	1	盾构接收
2	钢板	δ30	m²	15	基础预埋、临时加固、垫板等
3	液压泵站		套	1	液压油缸动力源
4	液压油缸	150T	个	4	垂直顶升
5	液压油缸	100T	个	2	水平平移
6	手拉葫芦	10T	个	5	安全限位
7	手拉葫芦	3T	个	2	油缸、机壳拆装
8	卷尺	5m	个	5	油缸行程及盾构机位置测量
9	保护焊机		套	2	盾尾刷焊接
10	钢丝绳		根	5	5m,安全限位
11	H型钢	HW150×200	m	20	反力装置
12	导向滑轨	150×200	m	120	支撑盾构、平移导向
13	黄油				减小盾构平移过程的摩阻力

3. 工期节点计划（表 2-6）

工期节点计划表 表 2-6

序号	施工项目	工期(d)	备注
1	准备工作	18	浇筑底板、铺导梁、基座安装
2	螺旋机拆除	4	洞内拆除、运输、吊出
3	盾尾拆除吊出	5	拆除、平移、吊出
4	拼装机拆除吊出	6	拆除、平移、吊出
5	刀盘、中前盾解体吊出	7	平移、解体、吊出
6	后配套的解体吊出	22	与盾体解体、平移同时进行
7	合计	40	

4. 施工准备工作

盾构机接收、解体、平移前需要做的准备工作主要包括：与盾构接收相关单位的协调，如有关施工场地移交、临时施工用水用电、接收井底板处理和导向滑轨、接收架的安装等。

127

（1）进场后对盾构接收井净空尺寸、底板现状标高进行复核，根据现场实际情况进行混凝土垫层的浇筑，厚度为 35cm，采用 C30 混凝土，为盾构接收、解体、平移提供一个平整、坚实、满足要求的基础。

（2）清理盾构机接收、平移场地，按照经过论证的方案，设置加工定制的导向滑轨。

（3）接收基座的安装与加固。接收基座的中心轴线应与隧道设计轴线一致，同时还需兼顾盾构机出洞姿态。接收基座的轨面标高除满足线路偏差要求外，应做适当调整，以便盾构机安全、顺利上基座。为保证盾构刀盘贯通后拼装管片有足够的反力，将接收基座以盾构进洞方向＋3‰的坡度进行安装。对接收基座进行加固，接收井预埋钢板与接收基座焊接牢固，尤其要加强纵向加固，利用钢管、工字钢等将接收基座纵向受力传递到接收井的混凝土结构上，保证盾构机能稳妥、安全顺利到达接收基座上。

2.4.3 盾构解体平移施工关键技术

1. 盾构设备参数

本标段投入使用的盾构机是日本奥村（奥村机械制作株式会社）生产的 $\phi6.14m$ 泥土压盾构机。盾体直径为 6.14m，刀盘直径为 6.17m，刀盘至螺旋机端头长度为 9.47m，刀盘至盾尾的长度为 9.25m，鱼尾刀超出刀盘 0.33m（图 2-36、表 2-7）。

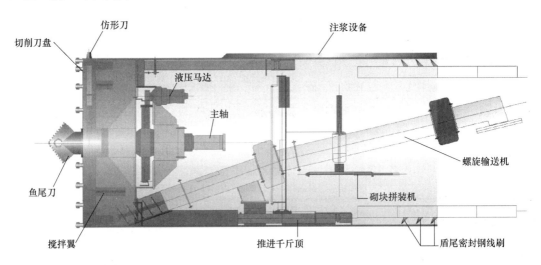

图 2-36 盾构机结构图

盾构主机各部分重量及相关数据参数　　表 2-7

主要设备部位名称	数量	长（mm）	宽（mm）	高（mm）	重量（t）
刀盘	1个	890	6170	6170	38
前盾	1个	1531	6170	6170	84
中盾与中折	1个	3199	6170	6170	100
尾盾	2个	3960	6170	6170	27.5
工作平台	1个	6704	4800	2800	8

主要设备部位名称	数量	长（mm）	宽（mm）	高（mm）	重量（t）
拼装机	1个	4800	4800	2748	18
螺旋输送机	1个	12700	1440	1720	16
轨梁	1个	14390	152	650	1.4

2. 施工工艺流程（图 2-37）

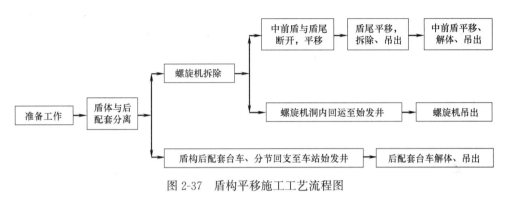

图 2-37 盾构平移施工工艺流程图

3. 准备工作的施工技术控制要点

（1）混凝土垫层的浇筑高度要比设计高程低 20～30mm，预埋件位置要准确，便于盾构接收基座的安装，加固。混凝土垫层施工前，应根据盾构机接收、解体方案，预留好工作坑，便于盾构机下方切割作业。其位置、尺寸根据盾构机型号、现场实际条件和技术方案确定。

（2）接收基座的中心轴线、标高放样应与隧道设计轴线一致，同时还需兼顾盾构机出洞姿态，确保最后几环隧道施工质量。

（3）接收基座的轨面标高除满足线路偏差要求外，应做适当调整（洞口端比设计标高低 10～15mm），以便盾构机安全、顺利推上基座。

（4）为保证盾构刀盘贯通后拼装管片有足够的反力，将接收基座以盾构进洞方向＋3‰的坡度进行安装。

（5）对接收基座进行加固，应考虑纵向、横向受力分析，尤其要加强纵向加固，利用钢管、工字钢等将接收基座纵向受力传递到接收井的混凝土结构上，保证盾构机能稳妥、安全顺利到达接预定位置。

4. 盾构机与后续台车分离施工技术控制要点

（1）调整拼装机的位置，使拼装机的前移、定位机构位于正下方；旋转螺旋机，使螺旋机内部渣土清理干净。

（2）利用盾构机千斤顶，将盾体往前移动直至盾体完全处于接收架上。

（3）在管片车上焊接支架，支架将牵引杆、连接桥、皮带机前端支撑。

（4）断开盾体和台车之间的水电、液压管线以及钢结构的连接，管线编号，并做好清洁保护。

（5）在盾体外壳焊接防止盾体转动的限位钢板，同时焊接防止铰接活动的钢板。

5.盾构机解体平移施工技术控制要点

（1）盾构机解体平移施工步序

盾构机解体平移施工的指导思路是把盾构主机与基座进行临时固定，根据盾构设备的构造，合理进行分块解体；在接收基座与结构底板间，按照技术方案确定的数量和方向设置平移滑动导梁，利用液压油缸顶推接收基座，按照预定的方向进行整体平移，到达预定位置后进行吊装作业。具体施工步序如表 2-8 所示。

施工步序 表 2-8

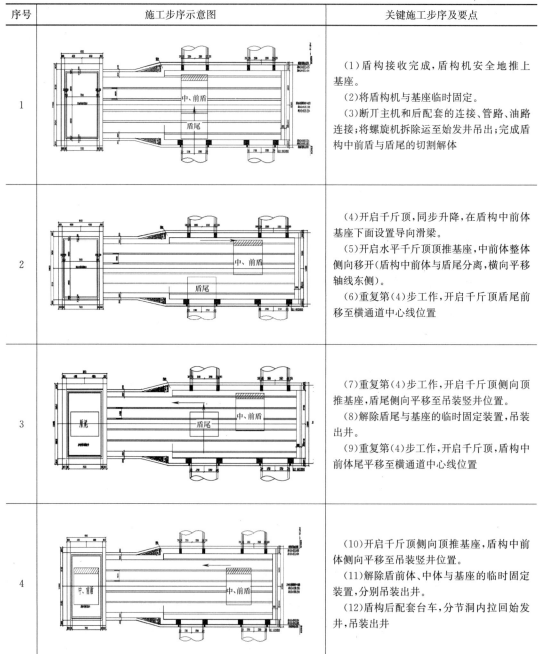

序号	施工步序示意图	关键施工步序及要点
1		（1）盾构接收完成，盾构机安全地推上基座。 （2）将盾构机与基座临时固定。 （3）断开主机和后配套的连接、管路、油路连接；将螺旋机拆除运至始发井吊出；完成盾构中前盾与盾尾的切割解体
2		（4）开启千斤顶，同步升降，在盾构中前体基座下面设置导向滑梁。 （5）开启水平千斤顶顶推基座，中前体整体侧向移开（盾构中前体与盾尾分离，横向平移轴线东侧）。 （6）重复第（4）步工作，开启千斤顶盾尾前移至横通道中心线位置
3		（7）重复第（4）步工作，开启千斤顶侧向顶推基座，盾尾侧向平移至吊装竖井位置。 （8）解除盾尾与基座的临时固定装置，吊装出井。 （9）重复第（4）步工作，开启千斤顶，盾构中前体尾平移至横通道中心线位置
4		（10）开启千斤顶侧向顶推基座，盾构中前体侧向平移至吊装竖井位置。 （11）解除盾前体、中体与基座的临时固定装置，分别吊装出井。 （12）盾构后配套台车，分节洞内拉回始发井，吊装出井

（2）盾构机解体平移施工技术控制要点

1）盾构机在解体前，一定要将主机和基座焊接牢固。

2）提前将盾构机平移的导向滑梁上的杂物清理干净、涂抹黄油减少基座和导向滑梁之间的摩阻力。

3）千斤顶在升降过程中，一定要同步，并严格控制升降速度，防止基座不平衡发生倾覆现象。

4）千斤顶在推进过程中，严格控制推进速度，及时进行纠偏，防止基座侧移。

5）为千斤顶提供反力的构件必须加固牢靠，防止出现意外。

6）千斤顶行程不够时，可通过增加垫块来延长，尽量减少千斤顶的移动次数。

2.4.4　工程实施效果

在暗挖通道如此狭小空间条件下，通过优化方案、精心组织、匠心施工，成功完成了盾构接收、解体、侧向平移、吊出转场施工任务，其施工难度之大、风险之高前所未有，为盾构施工领域创出了新的工法，也积累了宝贵的施工经验。实践证明，该方法具有节约投资，施工占地少，对周边环境影响小，安全可靠等优点，对今后类似狭窄施工环境条件下，既经济又安全地进行盾构接收、解体、平移和吊装施工具有借鉴意义。

2.5　北京典型地层盾构掘进渣土改良泡沫剂应用技术

城市轨道交通是城市发展的支撑基础和保障。地下轨道交通作为现代化城市重要的交通方式，具有大运量、安全、快捷、舒适的特点，同时轨道交通能有效减少污染排放，改善空气质量，这是其他交通方式所无法比拟的。盾构法施工具有安全、快速、成本低、对环境影响小等诸多优点，使得盾构法施工在城市轨道交通中得到了广泛的应用，成为中心城区地铁区间隧道修建的第一大工法。早在 19 世纪初，英国从船虫在船身上打洞研究出最初的盾构施工工法，经过一系列的研究与推广，逐渐演变成现如今的多种盾构工法。其中，土压平衡盾构方法通过大量的工程实践，已经显示出技术与经济上的优越性，通过渣土改良土压平衡式盾构已在我国的各种工程上得到了广泛的应用。

2.5.1　土压平衡盾构存在的问题

1. 闭塞

当盾构机压力舱内开挖土具有较大的内摩擦角，土体与侧壁的摩擦系数较大，开挖面的压力和压力舱隔板承受的盾构千斤顶的推力较大时，土体在压力舱的侧壁容易发生黏附现象，此时上部的土体不能掉下来，黏附的土体逐渐增加，就容易发生开挖土的拱作用。由于开挖土体在密封舱成拱，使盾构机不能正常出土，时间一长土体就会压实，充满压力舱，经过压实的土体又使密封舱内搅拌翼板的阻力上升，加大了刀盘扭矩，进而造成千斤顶推力的增大，并有可能导致无法正常推进，引起施工困难（图 2-38）。

2. 喷涌

盾构施工中密封舱和螺旋排土器内的土体不能有效抵抗开挖面上的水压力，在螺旋排土器出口处容易发生喷砂、喷泥和喷水等喷涌现象。盾构施工中发生喷涌，不仅造成隧道内开挖土难以处理，严重时会导致开挖面失稳（图 2-39）。

图 2-38　刀盘磨损

图 2-39　喷涌导致隧道进水

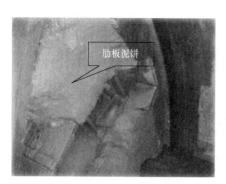

图 2-40　刀盘结泥饼

3. 结饼

盾构在黏性土层中施工时，由于黏性土本身具有的内摩擦角小、黏聚力大等特点，使得开挖时黏性土体黏附于盾构刀盘上，而那些被刀盘从开挖面上切削下来的黏土，通过刀盘渣槽又进入密封舱，在密封舱上部压力的作用下容易发生压密和固结排水，形成坚硬的泥饼（图 2-40）。密封舱内发生结饼后，如果不及时进行处理，则密封舱内泥饼将不断扩散，最终会使整个密封舱发生堵塞，这时就会导致密封舱内的刀盘扭矩过大，开挖困难，严重时会引发刀盘主轴承温度过高，出现主轴承烧结的严重后果，会加速主轴承的损坏。

4. 开挖面失稳

土压平衡式盾构施工中，如果压力舱的压力不足，难以抵抗开挖面释放的荷载，就可能发生开挖面涌水或坍塌，导致开挖面的失稳。造成开挖面失稳的具体原因有以下几点：①施工单位没有控制好压力舱的应有压力，造成开挖面失稳；②施工单位担心压力舱压力过大造成结饼、闭塞而半舱推进，低压推进，造成开挖面失稳；③由于发生喷涌使压力舱压力不能控制；④发生结饼，闭塞后强行推进造成地基被动破坏。

5. 砂土液化

由于砂性土摩擦阻力大，因而刀盘及千斤顶推力波动较大，对前方土体扰动过多，故地面沉降大而不容易控制，再加上砂性土具较好的渗透性，很容易导致流砂甚至液化发生。

解决上述难题最有效的办法是进行土体改良，常见的改良材料有矿物类、水溶性树脂类、水溶性高分子类和泡沫活性材料。与其他改良方法相比，泡沫改良法土质适用性强，可以使盾构机在黏土、砂、砾石、岩石等不同地层中施工，可以减少刀具磨损和阻塞，降低刀盘扭矩,提高掘进速度,节约投资,同时还以可调整土舱内土体塑性流动性,控制盾构隧道施工开挖面的稳定、地层变形和地层透水等危害,并且渣土无污染、容易处理,是最为先进的土体改良方法。

2.5.2 北京典型地层分类及基本特征

北京地区的地层,除缺少震旦系、上奥陶统、志留系、泥盆系、下石炭统、三叠系及上白垩统外,其他地层都有发育。第四纪以来由于受新构造运动的影响,山区不断抬升,平原区强烈下降,并接受了巨厚的河流沉积物。第四系松散土层和砂卵石、砾石地层遍布全市,地下水也以不同形式埋藏其中,从而形成了北京地区工程地质与水文地质特征。第四系冲洪积层河流相的砂、砂砾石、砂卵石以及黏土、粉土、黏质粉土和粉质黏土等黏性土互层而生,其地质沉积层的"相变"十分明显,彰显了北京地区土层条件的复杂性,给工程的建设带来了相当的困难。

调查和统计已施工工程地层条件,按盾构施工特点,北京地区主要土层的基本特征简述如下:

(1)黏土与粉质黏土:容易发生塑性变形和破坏。含水率大小对其物理特性(如坚硬、硬塑、可塑、软塑、流塑等)和力学状态(如强度、稳定性等)影响较大。一般情况下该土层稳定性较好。

(2)粉土:饱和粉土在振动荷载作用下容易产生液化现象,从而使地基和隧道围岩失稳。该土层在施工降水过程中,容易产生细颗粒流失形成空洞(尤其在与粗颗粒交界处),而且含水率大时稳定性较差。一般情况下粉土稳定性尚可。

(3)细砂、粉细砂:饱和状态下受震动荷载作用容易产生液化现象。含水率大时会产生流动,形成流砂,出现塌方,特别是粉细砂在施工过程中容易产生细颗粒流失形成空洞(尤其在相对隔水界面和粗颗粒交界面处)。干燥的粉细砂在外界扰动下容易形成干流砂而使隧道围岩失稳。

(4)中粗砂、粗砂:地层稳定性因含水状况不同而变化很大。

(5)卵石、圆砾(粒径小于100mm):一般来说,该地层稳定性较好,但级配单一的地层稳定性较差。基坑开挖观察,开挖深度在10m左右时,边坡坡率为1:0.3(大于73°)仍然属于安全边坡,经过人工掏挖边坡造成自然滑坡试验,滑动后的新边坡坡率也约为1:0.3。卵石、圆砾地层的破坏形式相对黏性土常为脆性破坏。

(6)含大粒径漂石的卵石、圆砾(粒径大于100mm):其工程特性与粒径小于100mm的卵石、圆砾地层相似,但由于地层中存在大粒径(600～1500mm)漂石,会对盾构施工造成严重的影响,特意将其列为一类。此类卵石常被中粗砂、粉土及粉质黏土充填,构成稳定的围岩结构。

(7)岩体:包括下伏土层,由砂卵石经过成岩作用而形成的第三系砾岩和西山一带以花岗岩、砂岩和灰岩为主的岩体。相对于土层,岩体的强度和硬度都比较大,隧道掘进困难。岩体遇水饱和后强度有所降低,但对其工程性质不会有太大影响。

就地层工程特性和考虑盾构施工特点,北京典型地层可归纳为以下三种:砂砾石/砂卵石/圆砾地层(包括岩石地层)、粉砂/细砂/中粗砂地层和粉土/黏土地层。在多数情况下,地下工程的修建,尤其是地铁工程的修建,均处于此三种典型地层或其混合地层中,因此，渣土改良前一定要经过室内试验确定最优配比，才能最大效果地发挥其改良作用。

2.5.3　泡沫剂改良土体机理

泡沫改良剂的使用时泡沫剂通过一定装置，加入压缩空气形成泡沫，加入至土体进行土体改良。泡沫可以看成一种二维平面结构，在这个二维平面结构中，气相与薄层液膜之间由一个二维界面隔开，薄层液膜及其两侧的界面这个区域被称作"薄片"。

泡沫经发泡装置产生后，液膜中的液体在重力的作用下会顺着已经存在的液膜自然下流，在流动点泡沫将不再呈球形。压力的不均将使得液体朝向稳定区域流动，从而造成液膜的稀释，液膜的稀释就会导致液膜的破裂和泡沫整体的坍塌。另外，如果泡沫掺入的量提高以后，可能有一些多余的泡沫未能进入土体与土体发生均匀的混合，这样过量的泡沫就会存在于混合土体的表面，这就是为什么当加入的泡沫越来越多的时候，经过充分搅拌，仍然可以看见混合土体的表面有大量独立的泡沫存在的原因。所以，当泡沫的掺入比提高时，效果并不一定增加得很理想，这主要是因为很多泡沫聚集在一起消泡的可能性会更大。

1. 泡沫适合于颗粒级配相对良好的土体

对于颗粒级配良好的土体，其粒径分布范围较广，而泡沫本身的尺寸也不均一，这样更容易落到土粒间的孔隙中，与土颗粒接触更紧密。在级配相对良好的土体中，因为泡沫会与土体颗粒结合得更完整和致密，能更充分地置换土体中的孔隙水进而填充原来的孔隙，所以容易形成更多封闭的泡沫。

2. 泡沫更适合平均粒径较大的土体

土体的颗粒越细，越接近于黏性，矿物的亲水性越强，它们的吸力就越大。颗粒细小的黏性土会对泡沫表面液膜内所含的自由水分产生吸附，导致液膜脱水后泡沫就会破灭，降低泡沫的利用率。

3. 泡沫更适合含水量较高的土体

相对干燥的土体具有较大的基质势，它与自由水接触时会将自由水吸引到干土中来，使得泡沫脱水破灭，泡沫利用率降低。

2.5.4　泡沫剂改良渣土的优点及基本性能要求

1. 泡沫剂改良技术优点

（1）对砂砾石地层而言，由于气泡的支承作用使开挖土体的流动性得以提高，因此压力舱内土体不易发生堵塞，降低刀盘和排土器的扭矩，利于稳定掘进。

（2）对硬黏土等容易发生黏附的地层而言，由于气泡的存在防止了开挖土体黏附刀盘面板和压力舱内壁，利于正常开挖。

（3）由于气泡可置换土颗粒间的水，因此开挖土的止水性得以提高，在地下水位高的砂层中，喷涌现象能够有效被抑制。

（4）因为气泡具有压缩性，开挖土体经过改良后提高了土体的压缩性，可以抑制结饼问题发生，开挖面土压变动减小有利于开挖面的稳定。

（5）盾构施工时排出的渣土中泡沫剂含量不多，气泡破灭后渣土的物理成分基本与原状土相同，所以渣土容易处理，若存在大量泡沫可使用消泡剂灭泡。

（6）气泡发泡设备、注入设备与加泥相比，设备规模要小。

（7）气泡作为渣土改良材料，盾构施工可靠性好、排出渣土量少，处理费用低。

（8）气泡原材对人体和环境无影响。

2. 泡沫剂改良渣土的几个基本条件

盾构施工进行泡沫渣土改良成功的关键在于泡沫的性能，一般应具备以下几个基本条件：

（1）适当的泡沫稳定性（约 10min）。

（2）较高的发泡倍率（约 20 倍）。

（3）地层适应性好，耐酸、碱、抗钙、镁能力强。

（4）发泡剂对温度的敏感性低，能适用于各个季节的施工条件。

（5）泡沫改良后渣土经过一定时间可以自行消泡，具有较好的生物降解性能，可以直接排放到周围环境中，无毒无害无污染。

（6）成本低廉、施工方便。

泡沫发泡如图 2-41 所示。

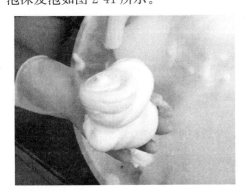

图 2-41　泡沫发泡效果图

2.5.5　泡沫剂性能评价指标

通过对土压平衡盾构机工作原理、泡沫剂的组成、泡沫的基本性能以及泡沫的作用进行研究，在考虑影响泡沫稳定性因素，揭示气泡衰变机理的前提下，进行了泡沫性能的室内试验，得出了一套应用于泡沫剂自身性能的评价标准。

泡沫剂自身的性能评价指标主要从以下几个方面来评价：①泡沫的发泡倍率控制在 20 倍左右；②泡沫的半衰期控制在 10min 左右；③泡沫溶液的表面张力控制在 21mN/m 左右；④泡沫溶液的 pH 值控制在 7 左右。

1. 发泡倍率试验

发泡倍率指一定体积泡沫剂溶液产生泡沫的体积与泡沫剂溶液的体积的比值，即单位体积的泡沫剂溶液产生的泡沫体积，盾构施工中为达到良好的土体改良效果，要求泡沫的发泡倍率达到某一值，达到良好的发泡状态。泡沫剂发泡倍率越高，等量泡沫剂溶液产生泡沫较多，提高了泡沫剂的应用效率。发泡倍率的计算公式（2-1）：

$$FER = \frac{V_f}{V_t} \tag{2-1}$$

式中：FER——发泡倍率；

V_f——标准大气压下泡沫体积（L）；

V_t——泡沫剂溶液泡沫体积（L）。

2. 半衰期试验

在盾构施工时，盾构机的刀盘，土压力舱和螺旋排土器中都分布有泡沫注入口，泡沫由盾构机的泡沫发生装置生成，并经这些泡沫注入口注入土中与土体进行混合，根据施工检验和盾构机的制造工艺，注入泡沫的时间约为 2～3min。发出的泡沫在与开挖土体混合之前不至于过量的衰变，消失，失去对土体的改良作用，而且开挖土体在进入压力舱后被螺旋排土器排出有一个时间过程，这一过程大约的时间间隔为 2h，因此应保证泡沫土改良后的性质维持 2h，这也是由泡沫土的稳定性决定的。因此，泡沫的稳定性是衡量泡沫剂质量的一个重要指标，泡沫的稳定性受泡沫剂浓度的影响较大，泡沫剂浓度较高则发出的泡沫越稳定。本试验主要研究了泡沫剂浓度、气体流量、气体压强、液体流量、液体压强等参数对泡沫稳定性的影响规律，通过这些规律来判断泡沫剂的最佳浓度以及不同发泡剂的性能优劣。

泡沫的稳定性是气泡长时间静止于空气中而不破灭的性质，其中泡沫的消泡率和半衰期是衡量泡沫稳定性的重要参数。消泡率的计算见公式（2-2）：

$$F_S = \frac{M_d}{M_0} \times 100\% \qquad (2-2)$$

式中：F_S——消泡率；

M_d——消散气泡的质量；

M_0——气泡初始质量。

消泡率 50% 时所用时间称为气泡的半衰期。在对泡沫的稳定性进行评价时，对比气泡的半衰期越长泡沫越稳定。

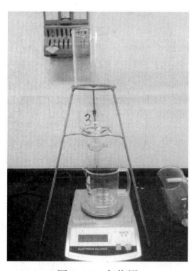

图 2-42　衰落桶

测量步骤：

把烧杯放到电子天平上，并调零（图 2-42）。

（1）用室内发泡装置预先配好的发泡剂溶液发泡，发泡过程中调节发泡装置，直至得到所要求的气泡，并使这一状态保持稳定。

（2）把气泡衰落筒下部铺设过滤网格后，利用发泡系统发出泡沫装满衰落筒并迅速测量泡沫质量，然后立即放到三脚架上，使衰落筒的液体流出小孔正对准烧杯的中央本步为测量气泡半衰期的关键步骤，为了试验的准确性，整个步骤的完成不得超过 1min。

（3）在第三步完成以后立即开动秒表，观察并记录烧杯内液体质量随时间的变化。烧杯内液体质量为衰落桶内气泡质量的一半所需时间即为气泡的半衰期。

（4）表面张力

在土压平衡盾构中，泡沫的稳定性是进行土体改良效果的关键因素。泡沫以一种极不稳定的存在状态，不仅受泡沫剂原液活性剂的影响，而且受温度、湿度、施工技术等外界因素的影响。气泡液膜上的液体受重力的影响，向下运动，根据拉普拉斯关系式，小气泡与大气泡之间压力失衡，存在压力差，小气泡的压力大于大气泡的压力，小气泡的压力进入大气泡，小气泡消失，大气泡被撑大后，也破灭消失，最终泡沫衰变。

液体的表面张力是影响泡沫稳定的一个重要因素之一，依据拉普拉斯公式，泡沫液膜与平面膜在交界处的压力差与表面张力成正比，即表面张力越低，交界处的压力差越低，泡沫液膜不易变薄，泡沫不易衰变，有利于泡沫的稳定。表面张力还可以提高泡沫的稳定性，当泡沫的液膜局部变薄，泡沫上的表面活性剂分子密度发生变化，从而使表面积增大，表面张力增大，使体系处于非平衡状态。于是邻近表面活性剂分子密度较大处向密度较小处流动，使体系重新恢复平衡状态，这种现象称为表面张力的修复作用，因此泡沫剂的表面张力较低，发出的泡沫较稳定，但是表面张力不宜过低，否则将破坏其表面张力的修复作用。

2.5.6　渣土改良效果评价指标

土压平衡盾构机掘进过程中应坚持"均衡、连续、匀速、饱满"的原则，其首要的一点就是渣土的顺利排出。盾构机土仓内土体的性质对盾构机的掘进起着至关重要的影响，因此渣土改良就显得尤为重要。通过对不同泡沫剂浓度、不同泡沫注入率以及不同泡沫剂种类的研究，在考虑泡沫土流动性能、压缩性能、抗剪性能、摩擦角以及渗透性能的前提下，进行了泡沫渣土改良的室内试验得出了一套应用于泡沫渣土改良效果的评价标准。

（1）盾构机渣土的排出采用螺旋输送机经由皮带传送进渣土车内，渣土的流动性好，螺旋出土器的出土量就容易控制，从而可以控制开挖面的稳定。对于土仓内土体的流动性可以用土体的坍落度来衡量。当土体的坍落度大于 100mm 时，其已经满足塑性流动状态的要求，考虑到盾构机土仓和螺旋出土器以及传送带渣土的运输，渣土的落落度应适当调大，但是当坍落度过大时，渣土很难通过传送带运送进渣土车内。因此将坍落度设定在 150～200mm 的范围内，土体形状规则，无明显大块、无泡沫或水析出。

通过试验现象判断改良剂添加量是否已经过量。可以观察改良剂是否过量的试验现象主要有：搅拌试验中，土体表面若出现泥浆或泡沫注不进现象则表明改良剂添加已经过量，不宜继续加入。滑板试验和坍落度试验中，若发现土体有较严重的水离析现象发生，则表明土体对改良剂的吸收已经很弱，改良剂不宜继续加入。

（2）当土体加入泡沫后可以显著降低土体的摩擦角与剪切强度，盾构机掘进时刀盘与螺旋出土器会产生巨大的磨损，通过减小开挖下来的渣土的摩擦角可以减小渣土与盾构机的摩擦力，试验得出，在相同浓度的泡沫剂注入下，泡沫注入率越高，泡沫渣土的摩擦角随之减小，抗剪强度也减小，通过减小土体抗剪强度降低开挖土体的强度，来减小刀盘的扭矩，如果扭矩过高将导致盾构机无法继续掘进，因此降低开挖土体的强度十分必要，针对关于此，将泡沫改良砂土的标准设定在比改良前降低 6 度以上，泡沫改良黏土的标准设定在比改良前降低 8 度以上。

（3）泡沫能显著增强砂土和黏土的压缩性能。在盾构机刀盘上安装泡沫注入口，向刀盘前方注入泡沫，可以增加土体的可压缩性。泡沫砂土和泡沫黏土的压缩系数随着泡沫注入率和泡沫剂浓度的升高而增大。对于含水量较低的砂土，泡沫砂的孔隙率随着泡沫剂浓度的升高而增大，而对于饱和砂，当泡沫剂浓度较低时，随泡沫剂浓度的升高，泡沫砂的孔隙率明显上升，而且上升的幅度比非饱和砂大，但上升到一定程度后，继续增加泡沫剂的浓度孔隙率反而有所下降。过大的压缩容易造成排水固结，形成泥饼。针对于此，将泡沫砂土的压缩系数设定在大于 $0.1\mathrm{MPa^{-1}}$，泡沫黏土的压缩系数设定在大于 $0.2\mathrm{MPa^{-1}}$。

（4）向盾构机排出的渣土加入泡沫可以有效降低土体的渗透性，相同条件下，泡沫砂土和泡沫黏土的渗透系数随注入率的升高先减小后增大，当渗透系数最低时便为该种土层的最优泡沫注入比。相同条件下，随着泡沫剂浓度的增高，泡沫砂土的渗透系数同样呈现先减小后增大的现象，同理该渗透系数最低点为该种地层的最优泡沫剂的注入浓度，而泡沫黏土的渗透系数随泡沫剂浓度的增高而减小，说明黏土对泡沫剂浓度的反应不太敏感。相同条件下，随着砂土含水量的增大，泡沫砂的渗透系数也随着增大，饱和泡沫砂土的渗透系数增大的幅度较大，而黏土则存在一个最优的含水量，当含水量达到这一数值时，泡沫黏土的渗透系数出现最小值。针对于此，将泡沫改良砂土的渗透系数临界值设定在 $10^{-6}\sim10^{-5}\mathrm{cm/s}$，泡沫黏土的渗透系数的临界值设定在 $10^{-7}\sim10^{-6}\mathrm{cm/s}$。

2.5.7 泡沫剂应用改良效果

针对不同地层进行了泡沫的实际工程应用研究，施工现场首先根据室内试验进行泡沫参数的设置，计算好各路泡沫的总流量，掘进一环的出土量，选择适宜的泡沫掺量。通过现场渣土的对比试验，来评价盾构泡沫剂的性能以及对土体的改良效果，在不同的地层，根据其不同特点采用最优的配比方案，通过试验结果就可以证明在保证盾构推进速度和贯入度的前提下，应用泡沫后刀盘扭矩、刀盘推力、螺旋输送机扭矩是否都一定程度得到了减小，土仓压力是否保持平稳。

北京典型地层盾构掘进渣土改良方法中，泡沫在土体改良中效果更加明显，推力、刀盘扭矩、螺旋输送机扭矩、土仓压力等施工参数都可以得到较大改善，成功将开挖面切削下来的渣土在压力舱内调整成一种塑性流动状态，即低渗透性、低内摩擦角、流塑状态良好，增强了掌子面开挖土层的稳定性，减小了刀具的磨损，取得了良好的施工效果，工程实践证明，泡沫对于不同的地层具有良好的适应性，值得推广（图2-43～图2-45）。

图2-43　砂卵石地层泡沫改良渣土效果　　　　图2-44　粉细砂地层泡沫改良渣土效果

图 2-45 黏土地层泡沫改良渣土效果

2.6 大直径盾构隧道扩挖地铁车站成套关键技术

随着地铁建设的发展，从地铁路网规划及发展趋势看，地铁工程建设的外部环境及工程自身的赋存环境将更加复杂，区间盾构和车站施工的相互协调困难，车站明挖施工条件越来越困难，在"道路狭窄、地层为饱水砂层和黏土层、穿越风险源众多"等复杂苛刻的建设环境，区间隧道和车站采用暗挖法风险很大，区间采用常规盾构隧道又无法解决区间渡线隧道施工的难题，且车站在常规盾构隧道基础上扩挖的风险很大。在充分借鉴国外盾构隧道扩挖车站的工程经验基础上，统筹考虑区间施工和车站施工的协调、结构风险和环境风险，经过方案比选，提出"区间隧道采用大直径盾构推进，一次形成单洞双线隧道，车站在大盾构隧道的基础上扩挖形成"的方案。

由于以前无此种方案，因此结合工程实际，对扩挖体系整体设计和施工技术进行了深入研究，通过理论分析、试验研究、数值模拟和现场试验等多种手段形成了大直径盾构隧道扩挖地铁车站施工工法，即先形成大直径盾构隧道，然后基于大直径隧道扩挖形成车站。实现了复杂环境条件下地铁车站设计理念和建造技术的重大突破，对车站扩挖施工中的管片拆除、盾构隧道内支撑体系设置、偏载效应控制等关键技术问题形成了成熟配套且极具推广价值的技术。

大直径盾构隧道扩挖地铁车站施工方法提高了盾构在区间的利用效率，减少了施工风险和对地面交通的影响，增加了车站站位选择的灵活性，对条件不稳定的车站可有效实现规划预留，确保区间通车需要；扩挖车站时可以利用大盾构隧道作为施工通道，增加施工工作面，从而减少施工占地。

本施工技术成功地应用于北京地铁 14 号线某车站工程，各施工环节正常安全，施工工期较短，对周围环境影响较小，具有较好的经济效益和社会效益。

2.6.1 工程简介

北京地铁 14 号线某标段车站建构形式及功能关系如图 2-46 所示。

扩挖车站建筑布置采用厅、台分离形式，站位道路范围设置站台层，采用大盾构扩挖

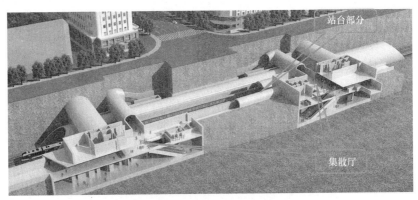

图 2-46　扩挖结构效果图

法施工，覆土 15m，埋深 25.5m；路侧规划绿地范围设置集散厅（包含站厅层、设备房间），采用明挖法施工。利用站端暗挖风道、上跨横通道、斜通道等实现厅、台使用功能的连接。根据现场场地、工期安排等情况，确定的车站整体工序为：路侧集散厅兼做施工竖井，施工站端暗挖风道，待风道主体施工完成后，盾构通过风道，形成盾构隧道，再自站端风道施工扩挖结构。

　　1. 某车站平面布置

　　车站采用侧式站台布置，主体形式分两部分：第一部分为单柱两跨形式，采用大盾构扩挖施工，为地下一层；第二部分为一柱两跨或两柱三跨形式，为地下三层矩形框架结构，明挖施工。第一部分功能布置为隧道和站台，第二部分功能主要布置为集散厅和设备等用房。两部分通过跨线通道和跨线风道相连接（图 2-47）。

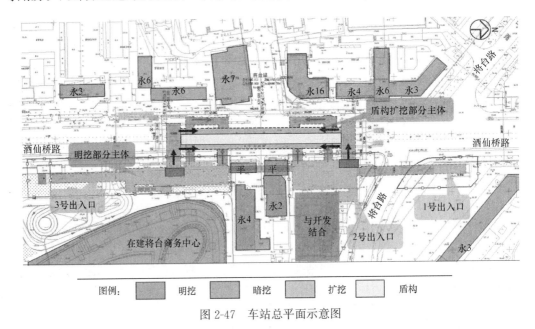

图 2-47　车站总平面示意图

　　2. 车站布置

　　车站主体站台层采用地下单层侧式站台形式，采用大盾构扩挖法施工，站台主体东侧的地下两层为站厅层和设备层，采用明挖施工，布置在万红西街东侧拆迁的地块内。车站采用侧式站台布置（图 2-48）。

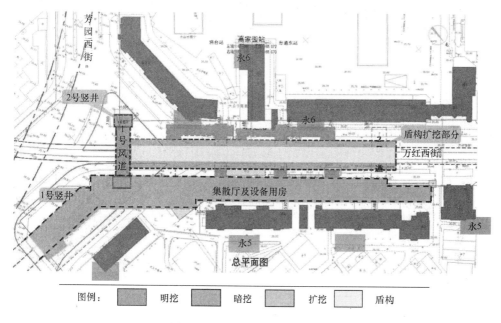

图 2-48　某地铁站总平面示意图

2.6.2　技术特点

（1）本施工技术是在盾构先行通过再扩挖形成地铁车站，即采用直径 10.22m 的土压平衡盾构机完成隧道施工，然后采用 PBA 工法在盾构隧道基础上扩挖经形成车站。

（2）本施工技术将暗挖法和盾构法有机结合，解决了车站施工速度慢与区间采用盾构施工速度快之间相互矛盾的问题。

（3）车站扩挖施工可以利用大直径盾构隧道作为施工通道和作业平台进行。

（4）与暗挖法相比，直接在车站端部设置始发井和接收井，实现始发和接收的功能，不影响区间施工。与明挖法相比，对交通影响程度极小，不占路施工，对周围环境影响较小。

2.6.3　适用范围

大直径盾构隧道扩挖地铁车站施工工法适用于工程和水文地质复杂，周边建筑密集、地下管线较多、地面交通繁忙，区间采用盾构施工，明挖施工不具备条件的地铁车站。

2.6.4　主要施工工艺流程

1. 大盾构隧道扩挖地铁车站构断面（图 2-49）

2. 大盾构隧道扩挖地铁车站施工主要流程

施工准备→测量放线→盾构隧道内中墙纵梁支撑体系施工→小导洞开挖（包括洞内桩、冠梁）→侧导洞开挖（包括小导洞内初衬接拱）→上部管片拆除→二衬扣拱→隧道两侧土方开挖→下部管片拆除→结构施工（图 2-50）。

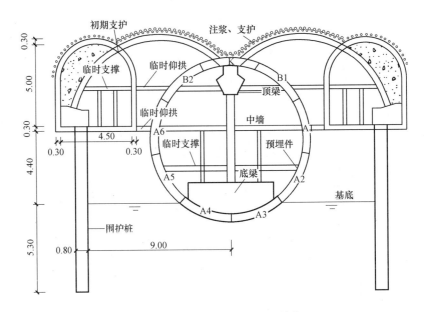

图 2-49　扩挖车站施工横断面图（单位：m）

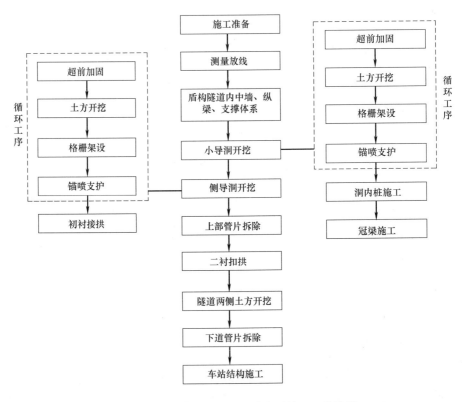

图 2-50　大盾构隧道扩挖地铁车站施工工艺流程

3. 大盾构隧道扩挖地铁车站施工步序（表 2-9）

大盾构隧道扩挖地铁车站施工步序 表 2-9

	（1）车站端头风道为施工通道，在盾构隧道内施工车站底纵梁、中隔墙和顶纵梁，开挖两侧小导洞、钻孔灌注桩、冠梁
	（2）施工侧导洞内的车站结构初衬，并回填初衬背后的导洞
	（3）注浆加固拱顶土体，对称开挖中导洞，施工中导洞顶拱初衬
	（4）沿隧道纵向分段拆除 K 管片两侧小块，凿除小导洞局部初衬，留出二衬施工空间
	（5）施工拱部二衬
	（6）开挖土体至小导洞底板位置

	(7)拆除小导洞隔壁支护结构
	(8)对称拆除盾构隧道两侧的上部管片结构
	(9)对称开挖至盾构隧道内的第三道横撑下
	(10)对称拆除盾构隧道两侧的中部管片结构和相应支撑
	(11)开挖至坑底设计标高,对称拆除盾构隧道两侧的下部管片和相应支撑
	(12)浇筑底板、侧墙二衬混凝土,施工站台板和附属结构

2.6.5　主要施工关键点

大直径盾构隧道扩挖车站关键施工阶段是：中洞开挖及拱部扣拱施工、封顶块管片拆除。

1. 中洞开挖

中间洞室拱顶弧长长度较大，洞型受力差，采取独立开挖方案进行施工，开挖时设置1道竖向支撑，降低拱顶初衬承受的弯矩，与钻孔灌注桩和中墙共同分担可能产生的偏载；同时可提前开挖中洞，不必待侧导洞内洞桩及冠梁施工完成，节约了大量工期；另外针对中间洞体拱部土体扰动状况，采用深孔注浆提高 PBA 初衬扣拱与盾构钢管片连接处节点土体的稳定性，为焊接作业提供充足的土体自稳时间，创造作业条件，确保该节点的焊接质量。

2. 管片拆除

（1）盾构管片设计参数

ϕ10.22m 盾构衬砌共分 9 块，分别为封顶块 K、与封顶块相邻的 B1、B2 块、下部 A1～A6 块，管片几何参数、重量、形心与底纵梁顶面距离统计如表 2-10 所示。

盾构隧道管片参数一览表　　　　　　　　　　　　表 2-10

管片编号	材质	几何参数	重量	形心高度
K	钢管片	外弧 2.50～3.49m，内弧 1.56～3.14m，长 1.8m	6.08t	7.310m
B1、B2	钢筋混凝土	外弧 3.49～3.91m，内弧 3.14～3.93m，长 1.8m	7.85t	6.199m
A1-A6	钢筋混凝土	外弧 3.49m，内弧 3.14m，长 1.8m	7.16t	3.385m 0.185m −1.903m

（2）管片拆除方法

管片拆除采用分段跳仓拆除的方式，每个施工段拆除的管片环数为 7 环，间隔 7 环管片再进行下一个施工段管片拆除。

在一个管片拆除分段内，管片拆除采取"隔一拆一"的方式。

对左右两侧的 K 管片先用水钻钻孔进行应力释放。

中洞开挖及管片拆除过程中，对中隔墙应变进行监测。

（3）管片拆除顺序

1）导洞土方开挖卸载前，管片内中墙及内支撑应施工完成。

2）首先拆除封顶块 K 管片两端部分，K 管片为钢管片，采用热切割工艺割除，其间辅助降温冷却措施，避免热膨胀应力对初支结构的不利影响，拆除期间加强对初衬拱顶的变形监测。

3）其次拆除 B1、B2 管片，B1、B2 管片拆除自盾构隧道内完成，拆运平台利用第二层钢支撑构筑。

4）再次待二衬扣拱施工完成后，随车站下部土方的开挖分别拆除 A1、A6 管片，管片自盾构隧道内拆除，拆运平台利用第三层钢支撑构筑。

5）最后 A2、A5 管片拆除在盾构隧道外进行。

（4）管片拆除主要措施

1）拆除过程中结构及构件稳定的措施：

导洞土方开挖卸载前，管片内中墙及内支撑应施工完成，内支撑应分层安装在管片重心位置附近。

在盾构隧道内搭建拆运平台，降低待拆管片的相对重心，拆运平台应与内支撑体系结合设计。

拆除 A1、A6 管片之前，二衬拱脚部位安装内支撑，确保结构稳定。

支撑连接牢固，必要时辅助支拉加固措施，抵抗可能出现的碰撞。

2）B1、B2 管片拆除自盾构隧道内完成，拆运平台利用第二层钢支撑构筑，管片相对重心高度 3.895m；二衬扣拱施工完成后，随车站下部土方的开挖分部拆除 A1、A6 管片，管片自盾构隧道内拆除，拆运平台利用第三层钢支撑构筑，管片相对重心高度 5.189m；A2、A5 管片拆除在盾构隧道外进行，拆运平台为槽底 300mm 厚钢筋混凝土垫层，管片相对重心高度 1.365m，B 管片拆除工艺详如图 2-51 所示。

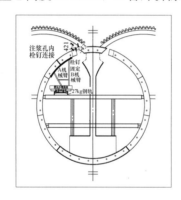
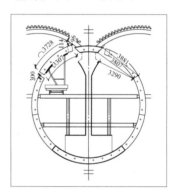
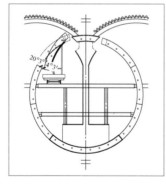
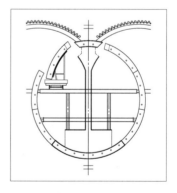

图 2-51　B 管片拆除工艺图

3）封顶块 K 管片为钢管片，采用热切割工艺割除，其间辅助降温冷却措施，避免热膨胀应力对初支结构的不利影响，拆除期间加强对初衬拱顶的变形监测。

4）为实现上述要求，达到安全高效无损伤拆除管片的目标，特研制专用设备，具备以下功能：

能够调整管片圆度，为螺栓拆卸创造便利条件。

解除管片内部支撑过程中，能够确保管片稳定。

管片拆除过程中，运动轨迹延环向和径向小幅度运动，脱离后以站立姿态运输到洞口。

满足支撑安装拆除工作平台及运输的要求。

设备机电自动化程度高，便于操作。

3. 二衬扣拱

二衬扣拱主要包括防水及二衬钢筋混凝土施工两个工序，采用不断筋工法施工，防水采用橡化沥青防水涂料，减小初衬拆除的安全风险；二衬扣拱一侧坐落于桩顶冠梁，一侧与中墙纵梁体系连接，施工时必须确保连接质量。防水及结构钢筋、模板、混凝土等施工工艺同常规工艺。

4. 隧道两侧土方开挖及下部管片拆除

（1）二衬扣拱施工完成后，待二衬结构达到一定强度，进行下部土体及二衬结构施工。施工顺序如下：

1）拆除洞内脚手架，开挖土体至侧导洞底板位置，并喷射300mm厚混凝土作临时封底。

2）拆除侧导洞内部剩余初支结构，形成拆除整块管片施工空间。

3）对称拆除上部相邻盾构管片。

4）对称开挖土体至盾构隧道内第三道支撑下。

5）拆除中部标准盾构管片及相应内部支撑。

6）对称开挖至坑底设计标高。拆除下部标准盾构管片及相应内部支撑，及时施工垫层。

7）施工防水层和保护层，绑扎钢筋，浇筑底板、侧墙二衬混凝土，完成二衬结构施工。

（2）主要施工方法：

1）土体采用人工配合小型挖掘机开挖，渣土由小型机械经风道运输至竖井口，再由履带吊提升到存土场堆放、外运。

2）隧道内支撑及盾构管片分节、分块拆卸后，由小型机械拖至竖井口，再由履带吊吊出竖井，至指定位置堆放、外运。

防水及结构钢筋、模板、混凝土等施工工艺同常规工艺。

5. 利用大盾构隧道作为施工通道和作业平台进行车站扩挖

大盾构隧道扩挖地铁车站施工时提出了"利用大直径盾构隧道作为施工通道和作业平台进行车站扩挖"的方法，为车站站位不稳定、地面拆迁制约及占地困难等特殊条件下的车站施工提供了解决方法（图2-52）。

关键施工步骤如下：

（1）破除与横通道交叉部位的相应管片。

（2）横向暗挖横通道至侧导洞位置，施作横通道部分的初支结构，破除部分侧导洞初支，并与侧导洞初支连接。

（3）横通道初支施作结束之后，利用已有的暗挖空间进行反掘，最终形成整个中洞暗挖断面，并施作中洞拱部初支结构。

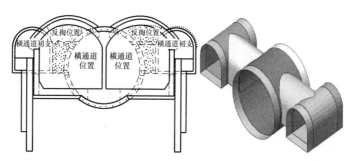

图 2-52　大直径盾构隧道施工通道示意图

2.6.6　主要创新成果

（1）提出了"地铁区间采用大直径土压平衡盾构推进，一次形成单洞双线隧道，基于大盾构隧道扩挖构建地铁车站"，并形成成套关键技术。

（2）提出"盾构先行通过，后施工风道结构"的盾构通过模式，突破了"先形成风道结构，盾构再通过"的常规模式，成功解决了隧道和车站施工相互制约的矛盾。

（3）利用大直径盾构隧道作为施工通道和作业平台进行车站扩挖的方法，为车站站位不稳定、地面拆迁及占地困难等特殊条件下的车站施工提供了解决方法。

（4）提出车站扩挖过程中的"管片拆除、偏载效应控制、结构支撑体系设置"等核心技术问题的解决方法，并成功实施。

2.6.7　实施效果

该方法将暗挖法和盾构法进行优势互补后，有机结合，开拓了地铁车站建造的新方法，为线网规划、站位设置、车站建设时序等难题解决提供了新理念，为城市骨雕交通的地下空间集约化利用提供了解决思路。

2.7　地铁隧道大直径土压平衡盾构机施工关键技术

城市交通拥堵问题是世界性难题，发展高效的地下交通网有效地解决此问题。2015年后，北京的城市轨道交通进一步发展将面临更加严峻的建设环境。由于可选择的城市主干道越来越少，线路选择困难，从而对线路布置提出更高要求，线路周围邻近建构筑物将会更加密集，对轨道交通的建设方法也提出了更为严格的限制。

北京地铁工程区间线路目前都是采用单洞单线形式，需要较为宽阔的道路红线，占用较大的地下空间，区间施工一般采用的常规 6m 盾构需要两个洞径及一倍直径间距的空间，在道路狭窄、交通繁忙及地下管线密集的城区很难满足。减少地铁施工对地面交通及周边环境的影响已成为城市轨道交通发展中亟须解决的关键技术问题。而大直径盾构采用单洞双线形式，其所需的地下空间明显小于常规区间做法，能够满足日益严峻的地下空间条件。

2.7.1　技术特点

（1）大直径盾构单洞双线隧道较常规 6m 直接盾构双洞双线隧道节省较大的地下

空间。

（2）大直径盾构单洞双线隧道内部有更多的空间，可以综合利用。

（3）大直径盾构单洞双线隧道更为节约工期及造价，可以实现超长距离连续掘进施工，避免常规盾构施工站内接收、始发以及多次解体吊运组装等过程，减少了地面的交通、管线的拆改移工作，避免了地面的房屋拆迁。并且大直径盾构隧道的直接优势在于它一次掘进即可形成上下行列车所需的两条线路，而常规 6m 直径隧道需要掘进两条隧道，大大提高了施工效率，减少了工期，综合考虑，大直径盾构单洞双线隧道的经济社会效益均优于常规 6m 盾构双洞双线隧道。

（4）由于大直径盾构单洞双线隧道占用地下空间小，不用地面拆迁及交通、管线改移，所以这种形式隧道线路布置灵活，可规避近接施工风险。它受道路红线制约较小，更适宜于北京地铁线网的加密施工。路由选择多，可避让城市建（构）筑物密集区。由于是单洞双线形式，在隧道内可设置渡线、联络线，不用施作联络通道，减少了人工暗挖工程量，降低风险。

（5）大直径盾构单洞双线隧道施工对周围环境影响较小，不光体现在避免常规的地面建筑拆迁、管线改移、交通导改等方面，其施工过程中的地表最大沉降值可控，近接施工风险可控，施工安全性较高。

2.7.2 适用范围

地铁隧道大直径土压平衡盾构机施工关键技术适用于隧道直径大于 6m 的土压平衡盾构地铁区间工程，也可应用于其他隧道工程。

2.7.3 工程简介

1. 工程概况

北京地铁 14 号线某标段工程是中国地铁建设首次采用 $\phi10.22$m 大直径土压平衡盾构机进行"单洞双线"区间隧道施工，总造价 9.64 亿元，本工程包含三个盾构区间，大直径盾构区间全长为 3151.6m。区间最小曲线半径为 350m，最大坡度为 27‰。盾构隧道内径 9.0m，外径 10.0m，管片厚度 500mm，环宽 1800mm，每环 9 片管片。

2. 工程地质与水文地质情况

大直径盾构穿越范围内的地层主要有：粉细砂层、中粗砂层、粉质黏土层和粉土层。粉土及砂土层均为饱水层，围岩稳定性差，无法形成自然应力拱，易坍塌。填土层主要为粉土填土层、杂填土层，稳定性差。

本区段内共有 4 层地下水，分别为：①上层滞水（一），水位埋深 2.98～6.79m，水位标高 26.66～31.37m。②承压水、潜水（二），水头埋深 5.98～9.25m，水头标高 26.17～28.42m；水位埋深 6.60～11.55m，水位标高 20.25～27.39m。③承压水（三），水头埋深 11.70～18.40m，水头标高 13.92～23.50m。④承压水（四），水头埋深 21.00～27.65m，水头标高 9.01～12.80m，水头高度为 2.0～5.3m（图 2-53～图 2-55）。

3. 工程风险情况

大直径盾构区间沿线穿越的建（构）筑物风险工程类型及数量众多，先后穿越了某环

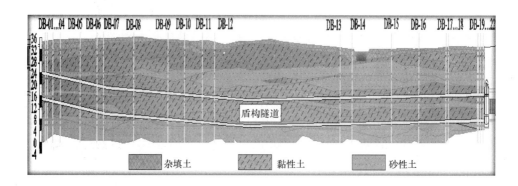

图 2-53　地质剖面图（一）

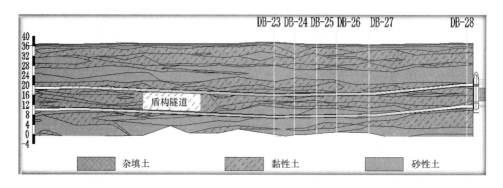

图 2-54　地质剖面图（二）

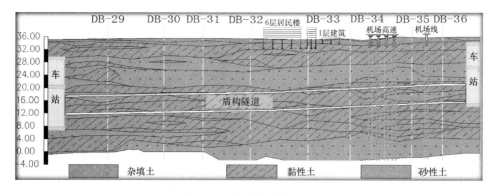

图 2-55　地质剖面图（三）

北路、大面积平房区、高压电力塔基础、坝河、桥桩、过街天桥、银行 20 世纪 50 年代 2 层老旧建筑、某电话局 5～7 层老旧宿舍楼、建筑群，以及机场高速路、机场快轨、公路等众多建（构）筑物。大直径盾构穿越工程基本涵盖了城市环境中盾构施工面临的所有风险工程类型，包含了市政道路、地下管线、桥梁、河流、平房区、居民楼区、老旧建筑、电力基础、高架桥梁、既有地铁线路等，该工程为城市环境下大直径土压平衡盾构施工提供了技术储备。大直径盾构具体穿越的重大风险工程如表 2-11 所示。

大直径盾构穿越重大风险工程表　　　　　　　　　表 2-11

序号	风险工程名称	风险工程描述
1	下穿某环北路	穿越长度约 100m。路面与隧道顶净距为 13.2～15.8m。道路交通流量大且路下方管线密布,其中电力管沟与隧道结构相距 3.9m
2	下穿大面积平房区	连续穿越长约 400m 的老旧平房区,该区域的平房现状很差,多以棚户为主,强度及抗变形能力较差,并且绝大多数平房修建年度较早
3	侧穿高压电力塔基础	电力塔上部位钢结构,基础为柱下独立基础,基底埋深为 2.9m,盾构隧道外轮廓与高压电力塔基础水平净距 3.24m,竖向间距 14.95m
4	下穿坝河、侧穿桩基	水深 2.5～3m,隧道结构顶部距离河底 10.85m,穿越长度为 26m;酒仙桥包含新桥与旧桥两部分,桥梁宽为 22m,桥梁长 36.1m,简支结构,桩基为钢筋混凝土灌注桩,桩长 17m,盾构区间隧道外轮廓距离桥桩最近为 1.52m
5	下穿银行老旧建筑	浦发银行为地上两层砖混结构,基础为墙下条形基础,基础埋深为 1.2m,与盾构隧道顶净距离为 18.96m,穿越长度约 41m
6	下穿电话局宿舍楼	电话局宿舍楼为地上 5～7 层砖混结构,半地下室,基础为墙下条形基础,基础埋深为 3.3m,与盾构隧道顶净距离为 14.43m,穿越长度约 23m
7	侧穿建筑群	盾构侧穿两幢 6 层、一幢 1 层建筑,6 层建筑为砖混结构,条形基础,基底埋深 3m,隧道距建筑最小水平净距 2.83m;1 层建筑为框架结构,条形基础,基底埋深 1.5m,隧道距建筑最小竖向净距 11.8m。穿越长度约 119m
8	下穿机场高速	机场高速为五跨连续箱梁结构,上部结构采用现浇预应力混凝土连续箱梁,下部结构采用桩柱式桥墩,每个桥墩下两根钻孔灌注桩,桩径 1.5m,桩长约 27～35m。盾构侧穿桩基,最小水平净距 4.33m,穿越段隧道最小覆土约 13m。穿越长度约为 74m
9	下穿机场快轨	机场线高架桥为简支梁结构,穿越处桥跨为 30m,承台厚度为 2m,桥桩长度为 36m,桩径为 1m,穿越位置隧道埋深约 13m,位于 76 号至 77 号桥墩之间,盾构隧道距 76 号桥墩水平距离为 3.32m,距 77 号桥墩水平距离为 12.62m

4. 工程特点、重点与难点

(1) 大直径土压平衡盾构机吊装施工

由于本工程采用的 10.22m 大直径的土压平衡盾构机,因其体积和重量大,使得盾构机吊装施工存在诸多难点,其中最大吊装部件驱动部位的重量达到 178t,吊装驱动施工采用 1 台 450t 履带吊和 2 台 350t 汽车吊进行吊装作业,运用"三机抬吊"的高难度作业将其吊起后,完成驱动翻身这一步骤,随后将其吊装下井安装就位。这一过程充分考验了吊装技术方案的制定以及作业施工筹划工作和现场指挥等各个环节,各项工作组织到位,措施得当才能保证吊装工作安全顺利进行。

(2) 大直径土压平衡盾构机掘进施工

由于本工程是中国地铁建设首次采用直径为 10.22m 的土压平衡盾构机,并且大直径土压平衡盾构机在北京施工尚属首次,而且没有相应的经验可以借鉴,各项工作的难点不言而喻,在盾构掘进施工过程中面临如下难题。

1) 大直径盾构曲线始发及小曲率半径掘进姿态控制

在大盾构始发施工过程中面临着隧道半径仅为 350m 的小半径转向,如此小曲率半径控制大直径盾构掘进姿态极其困难。为了保证盾构掘进的姿态及成形隧道的准确性,项目部运用大盾构弦线始发技术,并且结合后续台车系统 50m 小半径转向平移技术,成功克服始发阶段隧道线路 350m 小半径的盾构施工姿态控制问题，以及狭小空间范围内盾构及后续台车设备小曲线始发问题。盾构台车系统小曲率半径转向技术成功申请了专利。

2）大直径盾构基座及反力架系统设计

由于本工程中采用的直径 10.22m 的土压平衡盾构为首次使用，其始发面对的各种困难也前所未有，如何确定始发施工过程中盾构基座及反力架体系成为首要问题。由于该盾构整机的重量及性能参数均较以往的常规盾构有很大程度的变化，盾构基座及反力架体系能否满足大直径盾构的始发施工，需要经过详细的设计和计算。大盾构整体重量较重，在盾构始发初始掘进过程中对基座体系的承载能力要求较高，并且盾构始发时根据研究计算，确定需要提供 4000t 推力，而且由于盾构是曲线始发，这对反力架的强度、结构形式、安装精度等均提出了很高的要求。项目部成员根据丰富的施工经验，设计出盾构基座及反力架体系，经过反复的校核验算后，确保万无一失后应用到实际施工过程中。随着大盾构的顺利始发，基座和反力架系统均能满足使用要求，标志着盾构基座及反力架系统的设计成功。

3）大直径盾构隧道内部水平运输

本工程隧道纵坡度为 27‰，该坡度接近地铁隧道线路最大纵坡度，盾构机掘进姿态控制难度不言而喻，但如何克服盾构施工过程中隧道内部的水平运输成为最大的难题。本工程在掘进施工过程中运用 80t 电瓶车组作为水平运输工具，并设计计算出相应的技术参数，解决了大盾构施工单次出土量大（是常规地铁盾构施工出土量的 6 倍）、水平运输载重大的难题。由于始发时盾构机台车及电瓶车轨道距离盾构管片底部 1.75m。盾构机在初始掘进过程中，台车及电瓶车轨道距离管片底部过高，且电瓶车每节土车满载重量达到 80t，共 6 节土车，所以对台车及电瓶车轨枕系统强度及形式要求极高，为此本项目根据工程情况设计了 27‰的地铁线路最大纵坡条件下水平运输轨道系统及可移动式会车道场系统，成功克服了大运量、大载重情况下水平运输电瓶车组的爬坡问题以及车辆高效运输的问题，大大提高了施工效率的同时也严格保障了施工的安全性。同时 80t 电瓶机车及隧道内可移动式会车道场也申请了专利。

4）大直径土压平衡盾构机穿越风险工程施工

大盾构区间施工过程中，先后穿越东四环北路、大面积老旧平房区、高压电力塔、坝河、酒仙桥桥桩、20 世纪 50 年代浦发银行 2 层商业建筑、20 世纪 90 年代初期酒仙桥电话局 5～7 层砖混结构宿舍楼、大山子南里 6 层砖混结构建筑群、首都机场高速、机场快轨、京顺路等多个重大风险工程。所穿越的风险工程包含道路、桥梁、河流、管线、建筑、高架桥、既有地铁线路等城市地铁工程中面临的所有环境风险源。

大盾构隧道与地下构筑物距离较近，且穿越的构筑物重要性高，控制值小，因此施工风险高。盾构在掘进过程中，根据穿越风险源的实际情况，采用相应的综合沉降控制技术及措施，实现安全穿越施工，保证风险源的安全稳定。

（3）大盾构结合车站扩挖施工，工艺新、工序多、难度大

本工程区间采用大盾构施工，为单洞双线结构形式，并且结合大盾构隧道结构扩挖形成车站，这种大盾构隧道扩挖车站工法在北京地铁建设中也是首次应用。在工程实施过程中需要盾构先行过站而后进行扩挖施工，大盾构要多次穿越车站两端 PBA 暗挖风道结构，需进行多次接收、多次始发，施工风险高；扩挖车站工程施工组织难度大、工序繁多、受

力体系转换复杂，管片拆除难点大，并且车站施工地段地层含水量大，地面管线较多，距离建筑物近，施工难度极大。

2.7.4 施工工艺流程及施工要点

1. 盾构始发

（1）大盾构始发井结构

大盾构始发井围护结构采用 $\phi1000@1500$。始发井结构净空：长为 21.1m，宽为 16.2m，结构墙体厚度为 1500mm，结构底板深约 24.8m。

（2）大直径盾构端头加固方法

1）加固条件和加固范围

① 加固条件及要求

本次大盾构端头加固施工区域面临复杂的工程地质和水文地质条件，加固施工范围内的主要地层有填土、粉土、粉质黏土、粉细砂和中粗砂等。

为保证大盾构的安全始发，端头始发加固土体要有良好的自立性、密封性及必要的强度，加固土体 28d 无侧限抗压强度不小于 1.0MPa，土体渗透系数小于等于 1.0×10^{-7} m/s。

② 加固区范围

考虑本次盾构始发施工面临地质情况较差，盾构拱顶上方存在砂层及承压水，盾构隧道中部也存在较大范围的砂层及承压水层，对盾构始发施工极为不利。盾构机机身长度达到 11.5m，所以加固长度需满足机身长度＋2m，保证盾构机盾尾进入土体后进行盾尾同步注浆封堵洞口时，刀盘前方仍处于加固区范围内，避免前方承压水、流砂等沿盾构机身空隙形成的路径，进入始发井内，造成涌水涌砂现象。加固区应隔绝水文地质的不利条件，使盾构机顺利始发。

2）端头加固方案

结合本工程始发洞口土质条件，端头采用旋喷加固。旋喷桩桩径 600mm，桩间距 400mm，咬合 200mm。端头加固旋喷桩桩位布置和布置示意见下图所示。浆液配比为水：PSA32.5 水泥＝1：1。旋喷桩加固施工参数如表 2-12 所示。

旋喷桩加固施工参数表　　　　　　　　　　　表 2-12

机械型号	提升速度	旋转速度	压力	流量	总量	旋喷深度	加固有效长度
钻机：XP-30A 型注浆机：GPBW-90 型	25cm/min	25r/min	35MPa	80L/min	4800L	24.7m	17m

3）旋喷加固效果检查

为检验加固土体的强度、整体性及地下水含量情况，用岩芯钻机分别在洞口范围内上、中、下 3 处钻孔取芯，通过检查岩心的固化效果对加固的效果进行判断。经检验发现，加固土体取芯样的平均破坏强度分别为 1.58MPa、1.62MPa、1.91MPa，满足土体加固强度要求；测样土样的渗透系数约为 0.98×10^{-7} cm/s，同样满足渗透性要求。加固后的土体自稳能力好，强度高，无支护长时间暴露无坍塌渗水现象发生，可以满足大盾构始发施工要求。大盾构成功的始发也证明了本工程端头加固方法的合理和有效性。

（3）大直径盾构反力架适应性研究

始发时反力架承受的负载有：盾构外壳与土层的摩擦力；盾构与管片的摩擦力，盾构刀盘前面的正面阻力；刀具挤压入土的阻力。经估算，以上阻力之和约为40000kN，实际按108000kN进行反力架结构的设计，是考虑了2.7的安全系数。由于盾构的安全始发至关重要，反力架安全系数的取值也是亟须解决的关键技术问题之一。此处计算也是安全基础上的一次研究探索。

（4）大盾构始发基座及稳定性研究

1）基座设计及安装

本工程中采用的 $\phi10.22\text{m}$ 土压平衡盾构机机体重量为1028t，基座设计时考虑盾构机自重及盾构施工过程中的荷载条件。基座为钢结构基座，其剖面如图2-56所示。

盾构基座的安装在始发井施工完成后进行。盾构基座按设计隧道轴线弦线的反向延长线准确进行放样定位，通过测量放线，将基座中心线位置刻画于始发井底或端墙及侧墙上，以指示基座的安装位置。盾构基座是盾构机在始发井底板上的支撑和定位托架。盾构基座采用钢结构，吊装前在盾构基座安装区域的车站结构底板上铺设3cm厚的钢板，并将钢板与车站结构进行固定，该钢板的作用是利于盾构安装过程中盾构基座的移动及盾构基座位置的调整，在盾构基座定位后，将基座与钢板焊接固定，并用H型钢将基座四周与始发井结构墙体预埋件进行焊接固定，避免盾构施工过程中基座产生位移。

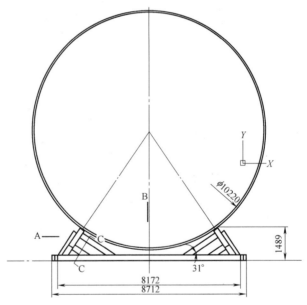

图 2-56　盾构基座剖面图（单位：mm）

2）防止盾构扎头及扭转措施

① 盾构始发施工过程防止扎头措施

本工程采用的 $\phi10.22\text{m}$ 土压平衡盾构机，机体重心在盾构机前端3m处，从刀盘开始前方4m范围内重量达到600t。根据盾构机的特点，为防止盾构始发时会出现扎头现象，以及防止盾构机驶上导轨困难，盾构基座高程以盾构机就位后比设计高程高20mm，并在洞口钢环底部焊接延长导轨。以利于调整盾构机初始掘进的姿态。具体做法为将基座延伸至洞口，并与洞口处结构墙的预埋钢板焊接，基座滑轨继续延伸至钢环里，并与钢环焊接，此做法的目的是为了使盾构刀盘完全接触土体建立土压产生平衡状态前，始终保持姿态稳定，避免由于盾构机机身前方机体过重产生扎头的现象。

② 盾构始发施工过程防止盾体旋转措施

盾构基座安装就位后，基座在盾构始发时要承受盾构旋转的扭矩。本盾构刀盘扭矩设计有两种模式：高扭矩模式下刀盘扭矩为 34344kN·m；高速模式下刀盘扭矩为 22896～34344kN·m。始发盾构的阻滞力矩 $M'_{ZZ}=9098$kN·m。因此，盾构始发时，盾构自重与其基座间产生的摩擦力引起的阻滞力矩不足以提供刀盘掘进所需的反扭矩，最大差值 $\Delta M=22896-9098=13798$kN·m。以 ΔM 为设计依据，在盾构两侧各焊接了厚 20mm、长 3.2m 的挡铁，在基座两侧分别设置立柱抵住挡铁，避免盾构发生扭转（图 2-57）。

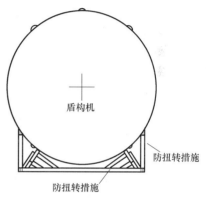

图 2-57 盾构防扭转措施示意图

本工程中盾构机始发实际扭矩最大值为 13050kN·m，始发过程扭矩数值见图所示。盾构机所需的反扭矩为 13050－9098＝3952kN·m，依靠预先设置在盾构机两侧的防扭转措施，盾构始发过程控制效果良好，避免了始发盾构扭转的出现，实现了盾构的顺利始发。

2. 盾构掘进过程控制

本工程典型盾构机掘进参数分布进行分析。土仓压力大致控制在 140～200kPa；推力控制在 30000～45000kN；扭矩控制在额定扭矩的 12％～32％；推进速度控制在 20～70mm/min；转速大致分布在 0.4～0.7r/min，主要集中在 0.5～0.7r/min。

同步注浆浆液采用双液浆，浆液配比为 A 液∶B 液＝10∶1，通过浆液配比优化，将浆液凝固时间控制在 15～40s 之间。

3. 盾构邻近施工风险控制

以盾构穿越浦发银行施工为例进行说明。具体措施如下。

（1）对土仓及刀盘前方土体进行改良，控制土压力

土仓内土体的流塑性直接决定螺旋机的排土能力，从而可以较好地控制掌子面的稳定，使其保持平衡状态，在大直径土压平衡盾构施工过程中这样过程更加重要。在 $\phi 10.22$m 盾构穿越风险施工过程中，采用膨润土泥浆和泡沫剂进行土体改良，通过试验确定膨润土和泡沫剂的注入率，将土体的坍落度控制在 150～160mm，确保土体改良效果。

（2）注浆施工控制

1）同步注浆控制措施

穿越风险施工过程中采用的双液浆是水泥、水、膨润土泥浆、缓凝剂根据一定比例混合形成 A 液，按照相应比例与 B 液（波美度为 30 的水玻璃）进行试验，经过筛选试验数据，选择浆液凝结时间为 23.5s 的浆液作为同步注浆材料，该浆液能保证及时填充盾尾处管片与地层的间隙，能够使注浆管路保持畅通，避免发生堵塞现象，保证施工的正常进

行，并且该浆液的强度形成较快，可以尽快对周围围岩形成支护作用，强度增长较快，28d 抗压强度值较大，满足了地层稳定性的要求，控制浆液的注入量为 $13.1\sim14.5\mathrm{m}^3/$ 环，减少了盾构施工对地层的扰动。

2）二次补浆措施

为控制地面后期沉降，进一步减小建（构）筑物不均匀沉降，在已完成隧道结构内侧进行二次补注浆。根据监测数据的分析结果，确定二次补浆注浆孔的位置及注浆量、注浆压力。

3）优化调整掘进参数控制措施

（3）控制土压力

根据穿越风险工程盾构隧道覆土深度和地质情况，以及土体改良效果，确定穿越区域土压力大致控制的范围，施工过程中严格、精确地控制土压，穿越施工全过程土压力较相同土压力值的正常段更为控制更稳定，避免土压力的波动对建（构）筑物产生影响。

（4）控制掘进速度

在穿越施工时降低掘进速度，盾构施工保持在动态平衡状态，将掘进速度控制在20mm/min。做到匀速、不间断通过，减小对地层的扰动，并调整同步注浆的流量和压力，迅速完成同步注浆作业，及时补充地层损失，从而减小土体变形。

（5）盾构机壳外注浆减阻措施

盾构在穿越风险工程施工区域内为减小盾构机壳和周围土体的摩擦力，降低盾构推力，减小盾构机壳对土体的扰动及后期土体的固结沉降，在穿越施工时向盾壳外部加注膨润土泥浆，在盾构机壳和土体之间形成一层薄膜，实现盾构壳体与土体之间始终保持润滑状态，膨润土泥浆还起到填充土体与盾体之间空隙的作用。并结合盾构机前方土体改良，降低了盾构机推力，并保持推力控制温度，波动较小。

（6）降低盾构刀盘转速及扭矩

为进一步减小盾构扭矩过大对地层的影响，使刀盘转速降为 0.45r/min，扭矩进一步降低，减小了盾构穿越施工对周围土体和建（构）筑物结构的影响。当采取土体改良措施，并进一步降低刀盘转速时，刀盘扭矩明显减低，波动较小，穿越风险施工过程中刀盘扭矩控制在额定扭矩的 20% 左右，即 6000kN·m。

（7）严格控制出土量

根据相同地质条件下盾构施工经验结合盾构穿越试验段的施工参数进行分析后，严格将出土量控制在 $192\mathrm{m}^3/$ 环左右，杜绝过量出土的情况，确保实现土仓内始终密实填充，保持土仓压力的稳定。

（8）信息化施工

在盾构穿越风险工程施工之前，在其上及周围地表进行监测点布设。在穿越施工时应加强监控量测，及时反馈信息，以指导掘进施工。盾构穿越全过程中药加强监测，并根据监测结果，合理调整掘进参数，如土压力、刀盘转速、推速等，尽量使掘进过程维持在平衡状态。并对监测数据进行实时分析，及时指导同步注浆及二次补浆施工，对盾构施工产生的地层损失进行及时补充，减小地层变形，控制建（构）筑物不均匀沉降。在同步注浆和二次补浆过程中，应加大密封油脂的注入量，防止盾尾漏水。

4. 盾构接收

（1）盾构接收工程概况

本工程由于工期要求及地面条件限制，无法采用常规盾构接收技术，本工程盾构机在接收车站仅完成围护结构（洞门处预留），且土方并未开挖条件下，采取先掘进至设计接收位置，再进行开挖土方，在无基座条件下进行盾构解体吊出施工。

盾构停机位置位于京顺路站内，盾尾距离车站南端地下连续墙内皮 3.54m。京顺路站盾构吊出区围护结构侧墙采用地下连续墙＋锚索的形式，在南端墙洞门上方采用钻孔灌注桩（桩底距离管片约 500mm），洞门两侧采用地下连续墙（距离管片约 500mm），南端设置两道混凝土斜撑。

盾构机开挖范围内地质情况从上到下依次为：④-4 中粗砂；⑥粉质黏土；⑥-2 粉土；⑥粉质黏土。开挖范围内存在承压水：水头埋深 13.31～14.38m，水头标高 21.14～22.41m。

（2）大直径盾构无基座接收施工

实施方式

① 盾构掘进至设计接收位置

施作盾构接收井围护结构。在盾构穿越范围内的围护结构只施作至盾构管片上方部位，之后将盾构掘进至设计接收位置后停机。在盾构隧道内部进行下部及四周土体的加固作业。

② 进行接收井内土体开挖

进行接收井内的土体开挖工作，同时边开挖边进行接收井内的锚索支护。待土体开挖至洞口上方时，对洞口部位的围护结构与盾构管片之间的间隙进行止水加固作业，洞口止水作业可从接收井内进行，也可从盾构隧道内部进行。边开挖边进行洞口止水，如此循环，直至土体开挖至盾构机 3/4 高度处，即盾构机有 1/4 埋于土层中，以保持盾构机整体稳定性。

③ 进行盾构机固定

土体开挖至预定位置后，在盾构机壳体两侧焊接固定支撑型钢，固定支撑型钢另一端与围护结构预埋铁进行焊接牢固，固定支撑型钢数量及焊接位置根据盾构机具体情况而定。该固定支撑型钢的作用是固定盾构机体，避免在盾构设备吊装过程中发生位移等安全事故。

④ 盾构机解体吊出施工

盾构机体固定后，开始进行盾构设备解体吊出施工。先进行盾壳上半部分解体吊出，然后对盾构内部部件进行解体吊出，待盾构内部部件全部吊出后，拆除盾壳两侧的固定支出型钢，最后进行盾壳下半部分（即埋于土体内部分）进行吊出。该过程吊出顺序及盾构解体部位根据盾构设备具体部件情况而定。

接收井尺寸为 25.7m×24m。大盾构解体吊出施工采用 1 台 400t 履带吊为主吊，1 台 350t 汽车吊配合，进行大盾构解体、吊出施工。

盾构解体吊出的主要工作内容包括：盾构机主机（刀盘、盾体、尾盾等）的拆解及吊出施工。大型履带吊在接收井西侧区域进行组车、组杆、仰臂，行走到指定位置后组装履带超起配重，履带吊位于盾构接收井西侧的结构墙外作业，履带吊履带底部支垫行走箱梁，并在吊车站位下施作混凝土地面硬化。盾构各部件在接收井底解体、由履带吊吊装出井后，在地面翻身放倒、装车，由运输板车运出。

5. 监控量测与反馈

14 号线大盾构穿越重要的地下管线、东四环北路、坝河及酒仙桥、机场高速及机场快轨高架桥、房屋建筑等建（构）筑物的变形均在控制标准范围内，环境风险安全可控。大直径盾构安全穿越各类风险工程，施工安全风险不因掘进断面增大而同比例放大。多数测点变形数据集中分布于 $-20\sim-10$mm 范围内，一般情况下在 -15mm，地表隆起值一般小于 2mm。

2.8 砂卵石地层地铁车站三重管旋喷止水帷幕施工技术

高压旋喷施工技术是在静压灌浆的基础上，引进采煤技术而发展起来的。在公路加固、水利防渗、矿山井巷、深基坑等工程领域得到了广泛的应用。

根据北京市节水需求，结合北京轨道交通发展需要，建设单位试点研究止水帷幕新工艺，将某地铁站确定为阻水施工试点站。设计采取"坑内降水、坑外阻水"的综合地下水控制方案。经过严密策划与论证，采用"三重管旋喷施工工艺"进行砂卵石地层条件下阻水施工，保证了基坑及周边建（构）筑物安全，节约了大量地下水资源，取得了良好的施工效果和经济效益。

实践表明，砂卵石地层条件下采用三重管旋喷止水帷幕施工具有成桩质量好、安全可靠、施工周期短、经济效益高等特点，这种工艺也为类似工程提供了经验和参考。

2.8.1 工程简介

北京地铁某车站工程范围内地形平坦，自然地面标高为 $37.0\sim37.2$m。本站上、中部结构位于粉质黏土和粉细砂、中粗砂层中，下部结构位于圆砾层中。

根据本段沿线历年最高水位和现状地下水位，同时考虑地下结构与含水岩组的相互关系、大气降水的补给量大小、影响及工程的重要性等因素综合分析，本车站抗浮水位按 31m 考虑。车站范围内地下水对混凝土结构有微腐蚀性，在长期浸水和干湿交替环境下对钢筋混凝土中的钢筋，上层滞水具有微腐蚀性，潜水和承压水分别具有微腐蚀性和弱腐蚀性。

2.8.2 工程特点

1. 砂卵石地层条件下成桩质量好

在地铁车站阻水施工中，通常需要面对砂卵石地层、渗透系数较大、加固深度大等施工难题，三重管旋喷止水帷幕可以有效加固目标地层和降低渗水性，起到良好的阻水效果，满足基坑开挖施工作业条件。

2. 施工机械化程度高，成桩速度快

施工工序灵活简便，设备相对简单，施工中不需要投入过多的施工机具及工力。

3. 安全质量可靠

三重管旋喷止水帷幕对作业环境要求交底，可以很好地使目标加固区形成固结整体，起到有效阻水作用，有利于保证工程自身安全环境安全。

4. 适用范围广

分别从水文地质、环境影响、成本考核三方面权衡，三重管旋喷止水帷幕不仅在黏土、粉黏交互地层中适用，在砂卵石地层中施工具有其独特的优势，可有效减少水土资源流失和保护生态环境。

5. 经济效益好

与单重、两重旋喷桩止水帷幕、前进式注浆和后退式注浆、袖阀管注浆、搅喷桩、水泥土搅拌桩、地下连续墙等多方案进行比选，砂卵石地层条件下三重管旋喷止水帷幕，在取得良好阻水效果的同时，可以有效降低工程造价。

2.8.3 主要施工工艺

1. 施工工艺流程

浆液配制→高压泵对浆液加压→高压浆液水压缩空气送往喷嘴→桩位放样定位→钻机就位→地面试喷→钻孔→插入高喷管→高压旋喷作业→回灌→拔管清洗→钻机移至新孔位作业（图 2-58～图 2-60）。

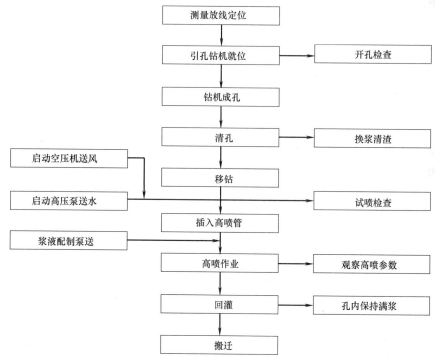

图 2-58 三重管旋喷止水施工工艺图

2. 操作要点

（1）试验桩

旋喷桩施工前，应做试验桩，以确定预设工艺参数是否符合设计要求，并以试验确定参数作为施工标准。

（2）场地平整

施工前先采用挖掘机清除场地内所有地上、地下的障碍物，场地低洼处用黏性土料回

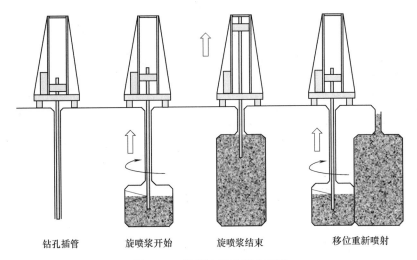

钻孔插管　　　　旋喷浆开始　　　　旋喷浆结束　　　　移位重新喷射

图 2-59　旋喷施工工艺示意图

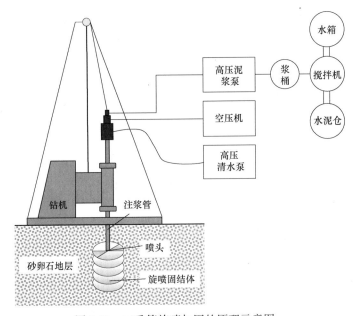

图 2-60　三重管旋喷加固的原理示意图

填夯实，不得用杂填土回填。

（3）测量定位

定位测量前，应将既有坐标控制点、高程控制点、规划红线等，作为场区控制点布设的依据和范围，测量放出控制点轴线；以坐标控制点为起始点，在不受施工影响的地方设置若干个永久性控制点及方向线，根据总平面布置图及桩位布置图建立测量控制网。

二级导线测量作为基坑的平面控制网，以高程控制点为依据，做等外附合水准测量，将高程引测至基坑施工区内。根据设计图纸将旋喷桩桩位坐标准确测放，并用竹签或钢筋做好标记。用经纬仪及水准仪测量定位，并经二次检测确认无误后方可确定旋喷孔位，并在孔位之上做明显和稳定的标记。

（4）配制水泥浆

浆液的材料为纯水泥浆，水泥采用 P.C.32.5 复合硅酸盐水泥；水泥浆的水灰比为 1∶1，浆液密度为 1.49kg/L，浆液用高速搅拌机搅制，拌制浆液的过程必须连续均匀，搅拌时间不小于 3min，搅拌 1h 得到的结石强度最高，但超过 2h 则结石强度开始下降；搅拌时间超过 4h，结石强度急剧下降，甚至不凝固。所以一次搅拌使用时间亦控制在 4h 以内。

（5）钻机就位

选用顺直、无变形的长喷管（一般在 9m 以上），以确保整体垂直度和减少接头数量，同时减少装卸喷管的次数。喷射注浆前要检查高压设备和管路系统，其压力和流量必须满足设计要求。注浆管及喷嘴内不得有任何杂物，注浆管接头的密封圈必须良好。

钻机垂直施工就位时机座要平稳，立轴或转盘要与孔位对正，钻孔的倾斜度一般不得大于 1.5%。

（6）确定旋喷施工顺序

为了尽快满足土方开挖的条件，依据土方开挖顺序，旋喷桩应间隔施工。

3. 施工关键点

（1）地面试喷

孔位验收、高喷台车就位并对准孔口后，为了直观检查高压系统的完好性以及是否能够满足使用要求，首先应进行地面试喷。

（2）钻孔

当遇到比较坚硬的地层时宜用地质钻机钻孔。

（3）插入高喷管

使用钻机钻孔完毕，钻机移开，旋喷桩机移到位置，并将喷射管插入到预定深度。在插管和喷射过程中，要防止风、水喷嘴被泥砂堵塞，可在插管前用一层薄塑料膜包扎好。

（4）旋喷作业施工

插管至设计底高程后，旋喷即开始。喷射注浆时要注意设备开动顺序，应先空载起动空压机，待泵量、泵压正常后，再空载启动高压水泵，然后同时向孔内送风和水，使风量和水泵压逐渐升高至规定值。风、水管畅通后，即可将注浆泵的吸水管移至贮浆桶开始注浆。孔底原位静喷 1~3min，待注入的浆液反出孔口、冒浆情况正常后，方可开始提升喷射。

三重管高压旋喷桩注浆主要技术参数的选择，对施工质量的影响起着决定性的作用，需根据地层土质条件确定其施工技术参数，北京砂卵石地层中参考值如表 2-13 所示。

三重管旋喷施工技术参数参考值　　　　　　　　　　　表 2-13

序号	项目	单位	数值	备注
1	高压水压力	MPa	≥30	
2	高压水流量	L/min	100	
3	空气压力	MPa	0.7	
4	空气流量	m^3/min	3	
5	水灰比		1∶1	水泥浆密度为 1.49kg/L

续表

序号	项目	单位	数值	备注
6	浆液压力	MPa	2	
7	浆液流量	L/min	80	
8	提升速度	cm/min	15～20	
9	旋转速度	r/min	15	
10	旋喷桩机喷管直径	mm	91	
11	出水口直径	mm	10	
12	出气口直径	mm	1	
13	出浆口直径	mm	17	
14	回浆密度	g/cm³	≥1.2	密度仪或比重称

注浆过程中值班技术人员必须时刻注意检查注浆流量、风压、旋转和提升速度等参数是否符合要求，并做好记录，直至设计高程，此时停止送浆、送水和送气，然后将灌浆管提出地面。

停止注浆，将注浆泵的吸水管移至清水箱，抽吸定量清水将注浆泵和注浆管路中的水泥浆顶出，然后停泵。

在高喷灌浆过程中，水泥用量根据现场土层情况确定，保证180～250kg/m（180°摆喷）。供浆正常情况下，孔口回浆密度变小、不能满足设计要求时，拟采取加大进浆密度或进浆量的措施予以处理。

（5）回灌

高喷灌浆结束后，充分利用孔口回浆或水泥浆液对已完成孔进行及时回灌，直至浆液面不下降为止。

在高喷灌浆过程中，出现压力突降或骤增、孔口回浆浓度和回浆量异常，甚至不返浆等情况时，查明原因后即使处理。

（6）拔管清洗

当喷射至设计高度后，喷射完毕，应及时将各管路冲洗干净，不得留有残渣，以防堵塞，尤其是注浆系统更为重要。通常是把浆液换成水进行连续冲洗，直到管路中出现为清水为止。一次下沉的旋喷管可以不必拆卸，直接在喷浆的管路中用泵送清水，即可达到清洗的目的。

（7）施工问题处理方法

1）如遇注浆压力骤然上升。应停机检查，首先卸压，如喷嘴堵塞，将钻杆提升，用铜针疏通；其他堵塞应松开接头进行疏动，待堵塞消失后再进行旋喷；再次恢复施工时，应保证在停浆点以下20cm处开始喷浆提升。

2）喷射时，应先达到预定的喷射压力，喷浆后再逐渐提升注浆管。中间发生故障时，应停止提升和喷浆，以防桩体中断，同时立即进行检查，排除故障；如发现有浆液喷射不足，影响桩体的设计直径时，应进行复核。

3）如遇冒浆或冒浆过大，需查明具体原因进行处理。在不冒浆的情况下，如果是土层空隙较大，可在浆液中掺加适量的速凝剂，缩短固结时间；还可在空隙地段增大注浆量，填满空隙，再继续正常旋喷；冒浆量超过 20％时，可提高喷射压力，适当缩小喷嘴孔径，加快提升和旋转速度，调整注浆量。

4）不返浆，可能与喷浆过程中孔内漏浆有关，表现为不返浆，或在供浆正常的情况下，孔口回浆密度太小，不能满足设计要求。可采用以下措施进行处理：①喷射水流中掺加速凝剂。②降低喷射管提升速度或停止提升和喷射压力，若效果不明显，停止提升，进行原地注浆。③加大浆液密度或进浆量，灌注水泥砂浆，必要时添加水玻璃。若仍不返浆或返浆密度不足，可采用二次喷射方式。即先下喷管喷浆至孔口，72h 后重新扫孔至设计孔深后，二次下管喷射，直至返浆正常。④若地层中有较大空隙引起的不冒浆，可灌注黏土浆或细砂、中砂，待填满空隙后继续正常喷射。

（8）劳动力组织

主要设置 2 名管理人员，技术员 2 名，组织机构如图 2-61 所示。各类技工 20 人，现场工人分为 2 班，其中每班 10 人，根据施工工期和实际情况，调整班组和人员，以满足施工要求。

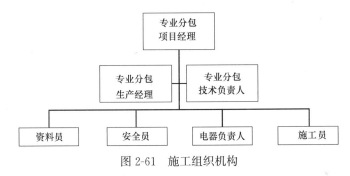

图 2-61　施工组织机构

2.8.4　质量控制要点

（1）三管高压旋喷前要检查高压设备机管路系统，其压力和流量必须满足设计要求，注浆管接头密封必须良好，在地面试送后方可进行施工。

（2）旋喷桩使用的水泥品种、标号、水泥浆的水灰比和外加剂的品种、掺量必须符合设计要求，搅拌水泥时在旋喷过程中防止水泥浆沉淀。

（3）旋喷桩的孔位、孔深和孔数，必须符合设计要求。

（4）水浆液搅拌后不得超过 4h，当超过时应经专门试验，证明其性能符合要求方可使用。

（5）旋喷桩在灌浆前应进行管路清洗。

（6）保证垂直度：为使旋喷桩垂直于地面，要注意保证机架和钻杆垂直度，严格要求桩的垂直度偏差不超过 1.5％的桩长，施工中采用经纬仪测钻杆或实测每根桩的垂直度，如发现偏差过大，及时调正。

（7）旋喷桩允许偏差、检验数量和方法应符合表 2-14 规定。

（8）喷射能力、提升速度对成桩直径有较大影响，根据深度及土质条件，发现异常情况，及时上报，及时进行调整。

（9）应在专门的记录表格上做好自检，如实记录施工的各项参数和详细描述喷射注浆时的各种现象，以便判断加固效果并为质量检验提供资料。

旋喷桩检验方法　　　　　　　　　　表 2-14

序号	检查项目	允许偏差		检验方法
		单位	数值	
1	钻孔位置	mm	≤50	用钢尺量
2	钻孔垂直度	%	≤1.5	经纬仪测钻杆或实测
3	孔深	mm	±200	用钢尺量
4	注浆压力	按设计参数指标		查看压力表
5	桩体搭接	mm	＞200	用钢尺量
6	桩体直径	mm	≤50	开挖后用钢尺量
7	桩中心允许偏差	mm	≤0.2D	开挖后桩顶下 500mm 处用钢尺量，D 为桩径

（10）现场旋喷桩施工记录人员、管理人员要 24h 轮流值班，认真填写施工记录表，按照施工图纸、规范和技术要求对搅拌桩进行质量控制，发现问题及时汇报。

2.8.5　安全控制要点

（1）严格执行安全操作规程，制定可靠的安全技术措施全生产。

（2）施工前，对司钻工进行技术交底及安全教育，方可上岗。

（3）施工机具必须按规定报验，验收合格后，方可投入使用。

（4）施工前，检查场地承载力是否符合桩机工作要求，防止地基软弱造成设备倾覆。

（5）钻孔完成后，孔内应充满泥浆防止发生坍孔，并及时将孔口加盖防护。

（6）注浆设备以及管路定期检查、保养。各类密封装置必须完整良好，无泄漏现象。安全阀应定期检验，压力表应定期标定。高压胶管不能超压使用，使用时弯曲不应小于安全弯曲半径，防止胶管破裂。

（7）班组长施工前、后检查所有设备，对施工中安全情况负责，监督指导工人安全作业。

（8）做好风险预案，备齐抢险物资，确保在突发险情时，能够及时处置。

2.8.6　环保措施

1. 粉尘控制措施

（1）现场定期洒水，减少灰尘对周围环境的污染。

（2）装卸或清理水泥时，提前在现场洒水。

（3）施工用的水泥空袋，要派专人及时清理，统一堆放，统一销毁。

（4）水泥浆拌制房里作业人员作业时，要佩戴防尘面罩。

2. 噪声控制

（1）加强机械设备的维修保养工作，确保机械运转正常，降低噪声。

（2）施工现场应遵守《建筑施工场界噪声限值》GB 12523 规定的降噪限值，尽量采用低噪声机具并设专人定期测定噪声值，发现超标及时采取降噪措施。

3. 泥浆清理

对废浆的处理必须在开工前做好规划，废浆应随时运出现场，或暂时排入沉淀池然后作为土方运出，不得随意排放。

2.8.7 效益分析

通过对车站基坑旋喷止水帷幕施工技术的提升、总结，本技术所采用的各项施工技术措施科学合理，工程效果显著。取得了以下成果：

1. 社会效益

本技术施工可以充分确保砂卵石地层下基坑开挖的止水与施工安全的要求，减少水资源流失和保护当地的生态环境，施工产生的振动、噪声、粉尘等也得到了降低。为城市地下工程在类似情况下的规划建设提供了可靠的决策依据和技术指标，新颖的工法技术将促进城市地下工程施工技术进步，社会效益和环境效益明显。

2. 经济效益

采用三重管旋喷止水帷幕施工，工程进度快，对地面干扰因素少，长期稳定性好，有利于文明施工，能确保周围既有建（构）筑物完好无损，确保居民生命、财产安全，避免居民临时迁移，节约了大量工程拆迁、降水等费用，可大量减少基坑开挖在丰水地区的降水成本，降低了基坑施工风险。从综合工程拆迁、生态环境保护及风险规避等方面来看，该工法在施工过程中可节省投资，具有较大的经济效益。

2.9　高渗透性富水地层盾构洞内径向注浆施工技术

随着国内的水下盾构施工技术不断发展，盾构隧道结构的长期安全问题也受到了高度关注。国外盾构隧道穿越不良地层采用较多的土体处理技术为超前局部土体改良结合置换的施工工艺。但在水下隧道，遇有复杂地质、缺少地质勘查、政治敏感区域，以往技术难以满足要求。在北京地铁 14 号线盾构某隧道工程中，在不截流条件下 4 次穿越某湖，顺利地完成了盾构掘进。经过严密准备与策划，对水下盾构隧道结构，采用径向注浆的施工工艺，保证了隧道施工质量和结构安全，取得了良好的施工效果和经济效益，为类似工程提供了经验和参考。

2.9.1 工程简介

北京地铁 14 号线某区间，盾构隧道左线长 943m，右线长 886m。区间隧道所处地层从上到下依次为粉细砂④-3、中粗砂层④-4、卵石⑤和中粗砂层⑤-1、粉质黏土⑥。区间隧道拱顶部主要为粉细砂层④-3、中粗砂层④-4，底板埋置地层为粉质黏土层⑥。

盾构隧道穿越的粉细砂、中粗砂、粉土、粉砂层地层地下水较丰富，且具微承压性。隧道外土体天然状态下呈疏松状态，土质较软，耐挤压能力弱，自稳能力差，尤其是在钻探过程中，当钻孔进入含水砂层时，会出现大量水砂涌出，易发生突水涌砂，施工难度很大。

盾构隧道穿越的流砂（砾）层、卵砾石、粉土、粉砂层地层地下水较丰富，且具微承压性。隧道外土体天然状态下呈疏松状态，土质较软，耐挤压能力弱，自稳能力差，尤其是在钻探过程中，当钻孔进入含水砂层时，会出现大量水砂涌出，易发生突水涌砂，施工难度很大。

2.9.2　工程特点

1. 安全可靠，风险小

径向注浆施工可以加固不良地层，起到有效加固地层的作用，在复杂地质盾构水下施工时具有其突出的优势，可降低周围地层的渗水性能，是确保隧道施工安全的可靠方法。

2. 施工工序灵活简便，设备相对简单

施工中无须投入过多的机具及人力，即可实现目标加固体有效填充，对工作面环境无太高的要求。

3. 对地层扰动小，可控性强

可最低程度减小地层的损失以及减少对地层的扰动，能增强与围岩的密贴程度，提高围岩的承载力和自稳力，有效控制地层受剪切破坏的再固结引起的长期沉降。

4. 盾构隧道长期稳定性好

径向注浆加固围岩，限制渗漏水，保证隧道洞体稳定，运营期存在动荷载条件下，径向注浆工法为减小隧道后期沉降发挥重要作用，确保长期运营安全。

2.9.3　主要施工工艺

1. 施工工艺流程

安装注浆孔→打开相邻位置其他孔口管→排出不良地层中置换区内的水和泥沙→注浆进行充分的填充、置换、渗透→循环施工达到设计深度。径向注浆施工工艺如图 2-62 所示。

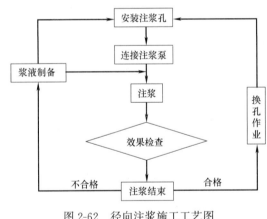

图 2-62　径向注浆施工工艺图

2. 操作要点

（1）所选用的输浆管必须有足够的强度；浆液在管内流动顺畅。设备的压力和流量满足施工需要。

（2）过程中要始终注意观察注浆压力和输浆管的变化，当泵压骤增、注浆量减少，多为管路堵塞或被注物不畅，当泵压升不上去，进浆量较大时，查清原因后再重新进行注浆。

（3）过程中出现跑浆、冒浆，多属封闭不严导致，当出现此种情况应停止注浆，重做封闭工作。注浆前严格检查机具、管路及接头的牢固程度，以防压力爆破伤人。

（4）操作人员在配制浆液和注浆时，要戴眼镜、口罩、手套等劳保用品，以防止损伤眼睛和皮肤。注浆时注浆管附近严禁站人，以防爆管、脱管伤人。

3. 施工关键点

（1）注浆准备工作

1）安装注浆孔

先将与管片吊装孔配套外有螺纹的钢管安装在管片吊装孔中。钢管安装时螺纹处用生料带缠绕，钢管外漏 10cm 并接上单向阀。

2）注浆管加工

注浆导管采用ϕ42钢管，长度为2.05m，壁厚为3.25mm。径向补偿注浆加固至隧洞外侧1.65m。注浆管如图2-63所示。

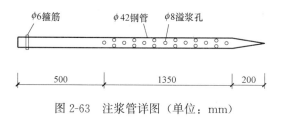

图2-63　注浆管详图（单位：mm）

3）成孔

钻孔设备采用风动凿岩机，成孔时，注意保护管口不受损、变形，便于与注浆管路连接。钻孔完成后安装孔口管。

（2）排出水和泥沙

打开相邻位置其他注浆孔口管，注浆孔通过排出水和泥沙的方式泄压。其特点是前期放砂量和水量较大，局部有喷水、喷砂现象产生，经过一段时间后逐步减少。排出的这部分土体体积会使得后续浆液的注入率有很大提高，浆液就会沿着土层流失的路径进行置换，从而达到目标注入区被填充密实均匀，有利于目标注入区域形成一道有效的浆液结石体。

（3）注浆

注浆设备采用KBY50/70-16注浆泵，在台车脱离管片适当位置实施径向补偿注浆。

1）注浆参数

浆液采用P.O.42.5R的水泥浆液，水灰比1∶1。根据地质条件，遇砂层时浆液适当添加水玻璃，加快固结时间。并根据施工情况和试验段监测值及时对注浆压力和注浆量进行调整，以达到最优效果。

根据工程经验设定，相关注浆参数如表2-15所示，可根据现场情况进行调整。

注浆参数　　　　　　　　　　　　　　　　　表2-15

类型	序号	参数名称	设定参数
径向注浆	1	浆液扩散半径	≥0.6m
	2	注浆终压	≤1.0MPa
	3	注浆速度	10～70L/min
	4	水灰比	1∶1

2）注浆操作方法

注浆过程中，以"最大量进浆，最大范围扩散，最大限度充填"为目的，采用"钻进—放砂—注浆"的循环打钻的前进式注浆施工工艺。

（4）注浆效果的保证措施

水下盾构隧道周围地层往往地下水较丰富且具微承压性。若外部存在流砂（砾）层、粉土、粉砂层等薄弱地层，注浆时存在应力释放的路径，随着浆液的注入压力增大，该路径的延伸长度和挤压土体的范围也会增大，尤其需要对注浆效果进行评价。

施工前，需要先通过试验段进行探索；施工时，鉴于目标注入区土体的置换区是不规则的，且地层间有密切的水力联系，浆液的注入路径也是不规则的。根据类似工程经验，实际的注浆量相较计算的注浆量也有所增大，通常在 1.1～1.3 倍左右，注浆时，采用合适的注浆方法和注浆参数，可以使浆液在目标加固区达到 80% 以上的填充置换。

置换注浆施工时，每次钻孔进尺 500mm，共分三个循环进尺可达到设计深度，按设计注入位置分孔对置换区进行连续注浆，确保注浆量不少于钻孔排砂量，保证扩散半径，待达到注浆压力后和注浆量后，适时关闭阀门停止注浆，等凝后进行下一循环钻孔注浆，直到满足设计的注浆量。依此方法置换土体，直到终孔位置，注浆完成后及时进行封孔，以不发生渗漏水现象。

渗透注浆的填充率基本在目标注入土体体积的 40% 以上。在注浆的过程中，注浆压力会持续增长，浆液将沿着水土压力最小的通道进行渗透，注浆时需根据现场邻近孔的排水、排砂的情况调整注浆压力，从而保证目标加固区的加固范围和注浆量，确保加固区填充密实。

（5）本项目主要设置 2 名管理人员，技术员 2 名。各类技工 40 人，现场工人分为 2 班，其中每班 20 人，根据施工工期和实际情况，调整班组和人员，以满足施工要求。

2.9.4　质量控制要点

（1）应严格按照设计参数进行钻孔，钻孔孔位及角度偏差，符合相关规范规定。

（2）注浆材料应满足设计要求，严禁使用过期结块的水泥，必要时进行检验。

（3）浆液配比应符合设计要求，配浆时最大误差为：水泥、水±5%。

（4）浆液搅拌应均匀，一般水泥浆不得超过 30min。未搅拌均匀或沉淀的浆液严禁使用。

（5）注浆过程中，时刻注意泵压和流量的变化，若吸浆量很大或压力突然下降，注浆压力长时间不上升，应查明原因，如工作面漏浆，可采取封堵措施。

（6）注浆过程中压力突然升高，应及时查找原因，进行处理，待泵压恢复正常后再进行注浆。

（7）检查进场机械工作状况是否完好，出厂证明和检验合格证是否齐备，一台泵发生故障时，应立即换上备用泵继续注浆。

（8）注浆过程中，应保持注浆管路畅通，防止因管路堵塞而影响注浆结束标准的判断。

（9）严格进行注浆效果检查评定，符合要求时才能结束注浆作业。当未达到注浆结束标准时，应进行补孔注浆。

2.9.5　安全控制要点

（1）严格执行安全操作规程，制定可靠的安全技术措施全生产。

（2）施工前，对司钻工进行技术交底及安全教育，方可上岗。

（3）施工过程中应对既有隧道加强调查和监测，应及时向上级单位反馈信息，以确保施工安全。定期检查，定期对已完工程进行检测和维护，必要的情况下可考虑进行二次注浆。

（4）注浆设备以及管路定期检查、保养。各类密封装置必须完整良好，无泄漏现象。安全阀应定期检验，压力表应定期标定。高压胶管不能超压使用，使用时弯曲不应小于安全弯曲半径，防止胶管破裂。

（5）施工现场全体人员按国家规定正确使用劳动防护用品。施工现场设置明显的安全警告标志标线。确保隧道和地面的通信畅通，至少有两套通信设备。

（6）班组长施工前、后检查所有设备，对施工中安全情况负责，监督工人安全作业。

（7）做好风险预案，备齐抢险物资，确保在突发险情时，能够及时处置。

2.9.6　环保措施

1. 粉尘控制措施

（1）现场定期洒水，减少灰尘对周围环境的污染。

（2）装卸或清理水泥时，提前在现场洒水。

（3）施工用的水泥空袋，要派专人及时清理，统一堆放，统一销毁。

（4）水泥浆拌制房里作业人员作业时，要佩戴防尘面罩。

2. 噪声控制

（1）加强机械设备的维修保养工作，确保机械运转正常，降低噪声。

（2）采用低噪声机具并设专人定期测定噪声值，发现超标及时采取降噪措施。

3. 泥浆清理

（1）施工现场应设置专门的废弃物临时贮存场地，规范存放，对有可能造成二次污染的废浆单贮存，设置安全防范措施且有醒目标识。

（2）对废浆的处理必须在施工前做好规划，废浆应随时运出现场，或暂时排入沉淀池然后做土方运出，不得随意排放。

2.9.7　效益分析

通过对北京地铁 14 号线盾构穿湖中盾构隧道径向注浆施工技术的提升、总结，本技术所采用的各项施工技术措施科学合理，工程效果显著。取得了以下成果：

1. 社会效益

本工法施工可以充分确保盾构长距离下穿湖泊的施工安全以及长期运营安全的要求，实现有控制排放，减少地下水流失和保护工程周边的生态环境，消除了对城市交通的严重影响，施工产生的振动、噪声、粉尘等得到了最大限度地降低。为以后城市地下工程在类似情况下的规划建设提供了可靠的决策依据和技术指标，新颖的工法技术将促进城市地下工程施工技术进步，社会效益和环境效益明显。

2. 经济效益

采用径向注浆施工，工程进度快，对地面干扰因素少，长期稳定性好，有利于文明施工，能确保周围既有建（构）筑物完好无损，确保居民生命、财产安全，避免线路绕行、湖泊节流降水和居民临时迁移，节约了大量工程拆迁、降水等费用，降低水下盾构施工风险和长期运营风险。总体来看，该工法在施工过程中略微增大了投资，但综合工程拆迁、生态环境保护及风险规避等方面来看，具有较大的经济效益和社会效益，有着良好的推广前景。

3 管道工程施工新技术

3.1 主动压沉装配式沉井施工技术

沉井是修筑地下结构物和深基础的一种结构形式,其建造方法是:先在地表建造一个底部开口的钢筋混凝土井筒状的结构物,然后通过在井筒内不断挖土,使井筒在自重及上部荷载作用下克服井壁与土体间的摩擦阻力以及刃脚下的正面阻力逐渐下沉,在下沉过程中使井筒保持垂直。随着已完成井筒的下沉,在地面相应地建造接长井壁,如此周而复始,直至沉井井壁沉至设计深度,然后对井筒进行封底形成地下结构。其特点是施工占地面积小、不需要大规模开挖、操作简便,费用省、整体性好、稳定性高,并且能够承受较大水平荷载,在各类地下空间开发利用工程中既可作为主体结构,又可作为围护结构,在盾构和顶管等地下空间工程中也常被用作工作井。

沉井基础是由内外墙形成垂直井壁、顶部和底部敞开的筒状结构物。施工时一般是先在场地制作好井筒,然后在井筒内挖土(或水力吸泥),依靠其自身重量,克服外井壁与土的摩阻力、刃脚土的支撑力、水的浮力等而下沉,通过逐节接高达预定深度后封底盖顶形成沉井基础。

20余年来,沉井除了作为高层建筑、高架道路和桥梁等工程的基础外,还被较多地应用于盾构和顶管隧道施工作为工作井、接收井;在市政工程中还被作为地下贮气罐、贮油罐、蓄水池、变电站等,展示了它对于开发利用地下空间的巨大作用。最近10年来,随着应用范围及要求的不断提高,沉井向着大尺寸、大深度、集群性方向发展,并且在许多特大工程项目中显示了它独特优越性。

从沉井技术开始应用到现在的170多年间,对沉井工程涉及的各个方面的研究在不断深入,沉井技术取得了显著的进步,但是对沉井施工的理论和结合实际工程方面的研究还比较缺乏,满足不了实际工程施工的要求。目前的沉井工程施工中,还大多是依靠经验公式进行沉井的设计计算,这在很大程度上增加了沉井施工中的不确定因素,增大了施工风险,这对沉井施工技术的研究提出了更迫切的要求。

目前,顶管工作井与接收井采用的主要形式是锚喷支护的钢筋混凝土结构。施工周期长,不环保,遇到不良地质如流砂、淤泥、富水地层时无法施工。沉井好处是避免大开挖,不需要围护结构,井壁可作为顶管后靠墙,顶管完成后,沉井可作为检查井使用。但是,沉井在下沉过程中,由于受沉井尺寸大小、地层土质的差异、取土方式不同的影响,会出现突沉、超沉、沉不下去、失稳等现象,甚至会发生质量安全事故。同时现场现浇沉井由于施工周期长,大量模板施工,不经济。现在施工周期十分紧张,现浇沉井在使用过程中有诸多不便。

因此,为确保沉井下沉质量,降低成本、绿色环保等要求迫切需要对现有的沉井技术进行改进,发挥沉井结构优势,同时增加施工中可控度。

现在大量工程应用沉井技术,以大型沉井为主,结构自重大、施工周期长、造价较高,对于中小型沉井研究较少,下沉方式主要靠自重下沉。城市中适用的沉井以轻型为主,靠自重下沉方式可控性小,对于轻型沉井不太适用。因此,非常有必要研究新型沉井形式,如主动压沉(先沉后挖)和装配式井型是未来沉井发展的方向。

与传统下沉工艺相比,主动压沉装配式沉井工艺主要有如下优点:沉井姿态容易控制且精度很高;使得沉井内能保持较高土塞,对周边土体影响小;增加沉井的下沉系数,可大幅提高下沉速度,缩短工期。

3.1.1 依托工程情况

某重要的污水管线,全长 3142m,主要位于粉质黏土及粉细砂层,地质结构复杂,地层中含水量大。管线采用机械化顶管施工,共设置顶管工作坑 45 座,设计采用倒挂井壁锚喷施工工艺,施工中遇到粉细砂层时,容易产生流砂现象,对施工速度造成严重影响,土体注浆加固增加施工成本。而常规沉井施工工艺可有效地适应粉细砂地层,但是施工周期相对较长,难以保证管线贯通工期要求。故在工作井施工时采用了主动压沉装配式沉井施工技术。

2014 年 5 月 1 日,开始预制混凝土井身模板设计及加工,2014 年 5 月 10 日,开始施工前期准备,2015 年 1 月 19 日,主动装配式沉井在现场成功应用,通过实践检验证明了沉井预制井身拼装的可行性,成型顶管工作井质量达到验收标准,保证了顶管施工顺利进行。本技术实施有效解决了倒挂井壁锚喷施工在富水粉细砂层中遇到的流砂问题,同时缩短了施工工期,保证了土方开挖和结构施工及人员安全,没有出现安全事故,整个工程施工顺利,且应用本技术后造价减少,对交通影响降低,减少了施工用地,总体效益较好。现场监测显示预制混凝土拼装井壁轴线位移允许偏差内,远小于控制值,经下沉记录检测显示,下沉速度稳定可控,井身无大的受力变形,其他监测项目等均在控制值范围内。

3.1.2 工程特点

(1)本技术采用"先沉后挖"的主动压沉技术,可在开挖前形成围护结构,避免了水土流失,开挖施工更安全。根据地层情况,可通过压沉反力装置调节下压力来改变沉井的下沉系数,提高沉井下沉速度、降低劳动的强度,显著提高施工效率。

(2)本技术采用预制拼装椭圆形沉井结构形式,井身模块化设计,每环分 3 种规格、共 6 片,可左右互换,相邻环井身错缝拼装,井身与井身之间连接采用螺栓、预埋钢板组合形式,方便施工,整体结构稳定性好,空间利用率高。

(3)本技术施工工序简单,施工质量可控。预制井身质量高,现场拼装速度快,主动压沉装置安装使用简便,整体施工过程机械化程度高,可节约人力;压沉过程可通过反力装置控制千斤顶进行微调纠偏,控制精度高,能够有效地控制沉井下沉姿态,保证平稳下沉,减小施工对周围环境的影响,施工质量安全可控。

(4)本技术节能环保。沉井采用预制拼装、机械化压沉,可有效减少施工现场湿作业量,对环境污染小,节能环保;施工过程可不降水,对周边环境影响小,环境效益明显。

本技术适用于含水和不含水的砂类、软土类、淤泥类等多种地层,尤其在含水量大的砂层适用效果显著,可广泛应用于各类地下工程的工作井及泵房、深基础等围护结构工程施工,具有良好的推广应用前景。

3.1.3 主要施工工艺

1. 工艺原理

主动压沉装配式沉井采用预制装配式沉井进行现场拼装成环，地面设置主动压沉装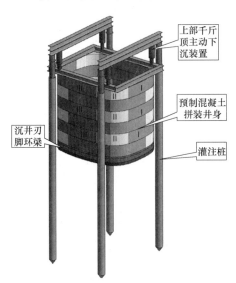置，包括：千斤顶反力装置、反力抗拔桩及压沉控制系统，通过主动压沉装置先加载下压力将沉井压沉至指定位置，再开挖土体，然后重复进行井身拼装、主动压沉、开挖，直至预制拼装沉井下沉至设计高程，封底施工完毕。压沉过程可通过反力装置控制千斤顶进行纠偏，能够有效地控制沉井下沉姿态，保证平稳下沉。

2. 施工工艺流程

主动压沉装配式沉井分三部分结构组成，上部结构为主动压沉装置（包括千斤顶反力装置、抗拔灌注桩），中部结构为预制混凝土拼装井身，下部结构为现浇混凝土刃脚环梁（图 3-1）。

本技术主要施工内容包括：预制拼装沉井结构设计及制作、上部千斤顶反力装置安装、现浇钢筋混凝土刃脚环梁施工、灌注桩施工以及拼装

图 3-1 主动装配式沉井施工示意图

壁连接施工等，具体工艺流程如图 3-2 所示。

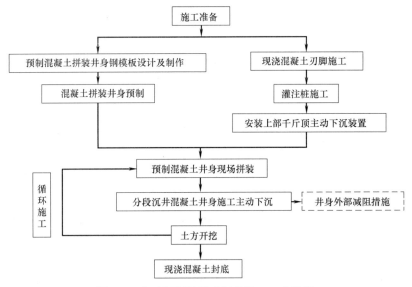

图 3-2 主动压沉装配式沉井施工工艺流程

3. 操作要点

（1）预制拼装沉井结构设计

通过地质条件分析，考虑沉井结构受力特点和安全稳定要求，同时考虑方便井身现场吊装拼装，拼装井身结构形式综合考虑选择椭圆形结构，其结构整体受力性好，稳定性

高、空间利用率高。通过对沉井结构井身进行设计，装配式沉井每环井身高 1m、重 3t、每环分 3 种标准规格尺寸、共计 6 片，可左右互换，相邻环井身错缝拼装，井身间拼装采用螺栓连接＋预埋钢板焊接。同时通过计算，其结构形式可以根据工作井尺寸类型、现场施工条件、水文地质条件等要求进行适当调整。

（2）预制模板加工

拼装沉井井身模板及钢构件按设计要求，在施工前由专业厂家加工完成，各构件螺栓连接孔、连接板及焊接各构件加劲肋均在工厂加工完成，加工好的各构件按设计位置对应编号。另外按设计图纸预留好刃脚环梁锚栓，保证模板尺寸精确。对预制井身首环进行试拼装，对预制井身的尺寸进行精确测量，井身接缝预埋铁强度进行实验，保证沉井井身质量满足现场拼装条件。

（3）现浇混凝土刃脚环梁施工

现浇混凝土刃脚环梁施工前先测量放线，保证场地平整并夯实，严格控制地面高程，不得低于四周地面保证现浇混凝土刃脚环梁水平。在刃脚设计深度范围内，挖深为 0.75m，将斜坡拍打密实，立模绑扎钢筋，内模直接立于土模顶面边沿，外模为木模，绑扎钢筋时要先把预制好的预埋刃脚钢板插入土中 15cm，然后把预埋刃脚钢板与主筋焊接。按设计图纸绑扎钢筋牢固并锚固 60cm，上部井身螺栓孔钢筋外露 20cm。现场浇筑 C40 混凝土，浇筑时严格控制刃脚上面水平，不得高低不平，浇筑完成后养护 14d。

（4）灌注桩施工

根据本技术采用灌注桩，下沉深度与井型对灌注桩的分布有不同的要求，下沉助力提供依靠先打好的灌注桩。根据沉井规模和地质条件设计灌注桩的直径和长度，对灌注桩的摩阻力进行验算，保证能够提供足够摩阻力。

灌注桩的成孔施工采用螺旋钻机成孔工艺，根据本工程设计 4 根直径 600mm 灌注桩，灌注桩距基坑周围 1.5～2m 处对称布置，钻孔深度根据竖井的底板设计标高加 5m 为钻孔深度，采用螺旋钻机成孔。灌注桩垂直度应按质量标准控制，下钢筋笼，灌注 C40 混凝土，预留出灌注桩钢筋笼预留钢筋露出地面高程 1～1.5m。

（5）上部千斤顶主动压沉装置安装

上部千斤顶主动压沉装置由反力支撑及千斤顶组成，反力支撑系统主要对沉井提供下沉反力，结构要求有一定的强度和刚度。

下部 4 根直径 600mm 灌注桩钢筋笼预留钢筋分别高为 1.5m 的直径 500mm 壁厚 10mm 钢管焊接，上部两根 30B 工字钢并排焊接作为上部压杠，双工字钢压杠与 0.5m 的直径 500mm 壁厚 10mm 钢管焊接，上下两根直径 500mm 的钢管之间用法兰盘连接。安装焊接必须符合焊接标准，不得点焊、漏焊。上部压杠与灌注桩连接完毕后，4 台 50t 千斤顶分别对称固定压杠上，并加工一个与沉井井壁周长相当的矩形护口型钢，护口型刚为 40B 槽钢上下对焊，千斤顶系统由 PLC 多点同步液压系统组成。

（6）预制井身现场拼装方法

预制好的混凝土井身分为 3 种型号，一环为 6 块，对进场井身进行编号，优化井身拼装先后顺序：将 6 块井身进行 Ⅰ～Ⅵ 编号，拼装从椭圆形一侧中部开始向两侧交替拼装，为了保证井身的稳定性和防水问题，上下环 6 块井身为错缝拼装。第一环拼装方法，下部混凝土刃脚环梁清扫打磨干净平整，预留螺栓调直清理干净后在刃脚上放止水垫，混凝土井身按编号依次与刃脚上下连接拼装成环。成环后，井身与井身之间打止水胶，并连接成型，为第一环。每环预制混凝土井身反复其拼装操作方法。

（7）"先沉后挖"主动压沉和土方开挖施工

4 台 50t 千斤顶调试完成后，放置矩形护口型钢，千斤顶加力主动下沉，加力下沉时需时时监控压力表，控制压力，每下沉 10cm 分别测量 6 块井身高程一次，如发现高程不均，及时调整千斤顶压力，保证整环井身均匀下沉。千斤顶压力和下沉高程做好要记录。第一环下沉 30cm 后，机械开挖土方开挖 30cm 不得超挖，如有需要局部可以人工开挖。反复上述步骤，直至第一环完全沉入地面。

每环预制井身进行现场拼装成环，用事先安装的主动加载设备进行主动加载，加载力大小可控，然后重复进行井身拼装，主动加载下沉。直至预制拼装沉井下沉至设计高程，施工完毕。合理布置千斤顶加力顺序，保证沉井均匀下沉。收集沉井下沉施工数据，加强沉井下沉监测。

按照以下内容循环操作下沉至设计高程：

预制混凝土井身工厂加工、运输至现场；现场测量前一环高程；把井身按编号错缝吊装就位；使用自动扳手紧固螺栓连接扣件，加放止水条，打止水胶，井身间焊接预埋板加固连接井身成环；与下层混凝土井身加固焊接；主动下沉和土方开挖，下沉至设计高程，施工完毕。

（8）井身外部减阻措施

减阻措施主要材料为膨润土和水。当膨润土与水混合后，由于水掺入膨润土中，膨润土在水中膨胀重量可以达到膨润土原重量的 600%～700%。经搅拌储存呈凝状，在有外力作用下呈流动状态，这种材料注夹在井壁与土壤之间，会大大降低井壁下沉的摩阻力。

（9）混凝土封底施工

当沉井刃脚下沉至设计标高后，沉井内部土面标高由专人量测，对标高凸出部分进行人工找平并夯实。竖井封底采用 150mm 厚 C20 钢筋混凝土垫层，并测量竖井基底标高。挖土接近基底 200mm 时，采用人工清底，不得超挖或扰动基底土。基底应平整压实，其允许偏差为：高程±20mm；平整度 20mm，并在 1m 范围内不得多于 1 处。铺设单层钢筋网（$\phi6$，150mm×150mm）网片与底部预埋板焊接。集水坑尺寸：40cm×40cm×30cm（开挖尺寸）。集水坑在竖井开挖至设计标高后开挖，喷射 C20 混凝土，厚度 30cm。

3.1.4　质量控制要点

（1）所用工程材料的等级、规格、性能应符合国家有关标准的规定和设计要求。

（2）混凝土抗压、抗渗、抗冻及耐久性性能应符合设计要求。

（3）沉井下沉至设计标高，必须继续观测其沉降量，在 8h 内下沉量不大于 10mm 时，方可封底。

（4）结构外观平整光滑、无蜂窝、无空洞、无露筋，裂缝应符合设计及规程规范要求。

（5）（二级防水）沉井下沉后内壁不得有渗漏现象；底板表面应平整，亦不得有渗漏现象。

（6）沉井结构应按设计要求进行功能性试验，水池渗水量不得超过 $2L/(m^2 \cdot d)$。

（7）沉井允许偏差：轴线位移允许偏差为小于等于 $1\%H$，底板高程允许偏差：小型为 $\pm40mm$，大型为 $^{+40}_{-60}mm$，垂直度允许偏差：小型小于等于 $0.7\%H$，大型小于等于 $1\%H$（H 为沉井下沉深度。沉井的外壁平面面积大于或等于 $250m^2$，且下沉深度 H 大于等于 $10m$，按大型检验。不具备以上的两个条件，按小型检验）。

（8）井身拼装允许偏差为：每环相邻井身错台 $10mm$，纵向相邻环井身错台 $5mm$。

（9）井身拼装严格按设计要求进行，逐块逐环检查，井身无缺棱、掉角；无顶推贯穿裂缝和大于 $0.2mm$ 宽的裂缝及混凝土剥落现象。

（10）连接螺栓质量证明文件齐全，复试合格，井身连接的拧紧度，井身连接焊接需满焊。

（11）结构拼装井身的椭圆度达到标准中规定了椭圆度的允许指标，一般规定为不超过外径公差的 80%

3.1.5 安全控制要点

（1）开工前，对施工区域做好研究调查，了解施工区域内原有地下构筑物、地下管线、地下建筑物及其他的设备设施的资料。

（2）对职工进行安全教育，组织有关人员学习防护手册，并进行安全作业考试，考试合格的职工才准进入施工作业面作业。

（3）施工现场临时用电的安装、维护、拆除应由取得特殊工种上岗征的专职电工进行操作。加强通风、照明及防尘措施，保护环境卫生。

（4）为防止意外事故的发生，针对于特定分项工程，相应制定一套安全生产措施和程序。每周至少召开一次所有现场工作人员参加的安全生产例会。

（5）施工用模板、支架、作业平台、吊装设备等承重结构经过结构检算，确保其有足够的强度和安全系数，并做到稳定、牢固。

（6）施工前，对既有构筑物影响等进行计算和复核，施工中加强监测，确保安全。

（7）在沉井加压下沉过程中要时刻监控千斤顶压力，如有异常及时调整。

（8）冬雨期施工时，对既有管线、设施、已完工程进行调查，制定防冻、防雨措施，保证既有管线、设施的正常使用和已完工程的完好状态。

（9）做好汛期的防汛工作，每天做好气象记录，汛期前，由负责安全的领导组织相关人员对施工、弃土场进行检查，保证地面排水设施完备、通畅，并备足抽水设备及雨布。遇可能产生汛情的天气，领导干部 24h 轮流值班。

（10）冬期施工，为施工人员配发防滑靴，设专人对基坑周围进行检查，及时清除冰雪，保证人员设备安全。

（11）加强监控量测，及时对测得数据进行分析，发现异常情况立即上报，并采取相应的防范措施。

3.1.6 环保措施

（1）加强检查和监控工作，加强对施工现场粉尘、噪声、振动、废气、强光的监控、监测及检查管理，定期组织有关人员进行环保工作评定。施工现场设置专用料库，库房地面、墙面做好防渗漏处理，材料的储存、使用、保管专人负责。

（2）保持施工区的环境卫生，及时清埋垃圾，运至指定地点并按规定处理。施工废水、清洗场地和车辆废水经沉淀处理达标排放。

（3）噪声、光污染控制

1）严格遵守现行国家标准《建筑施工场界噪声限值》GB 12523 的有关规定，施工前，首先向环保局申报并了解周围单位居民工作生活情况，施工作业严格限定在规定的时间内进行。

2）合理安排施工组织设计，对周围单位、居民产生影响的施工工序，均安排在白天或规定时间进行，严格限定作业时间，减少对周围单位居民的干扰。

3）加强机械设备的维修保养，选用低噪声设备，采取消声措施降低施工过程中的噪声。产生噪声的机械设备按北京市、甲方的有关规定严格限定作业时间。

4）施工运输车辆慢速行驶，不鸣喇叭。

5）施工照明灯的悬挂高度和方向合理设置，晚间不进行露天电焊作业，不影响居民夜间休息，减少或避免光污染。

6）所有施工围挡及产生噪声的机械都设置吸声设备，最大限度地减少施工噪声。

（4）水环境保护

1）主动装配式沉井不需要设降水井，可以阻水下沉。大大减少了对地下水的污染和浪费。

2）雨期施工，做好场地的排水设施，管理好施工材料，及时收集并运出建筑垃圾，保证施工材料、建筑垃圾不被雨水冲走。

（5）空气环境保护

1）工地汽车出入口设置冲洗槽，对外出的汽车用水枪冲洗干净，确认不会对外部环境产生污染后，再让车辆出门，保证行驶中不污染道路和环境。

2）加强机械设备的维修保养和达标活动，减少机械废气、排烟对空气环境的污染。

（6）固体废弃物处理

1）生产生活垃圾分类集中堆放，按环保部门要求处理。施工现场设垃圾站，专人负责清理，做到及时清扫、清运，不随意倾倒。

2）加强废旧料、报废材料的回收管理，多余材料及时回收入库。

（7）施工中应用新技术、新材料，综合利用各种资源，最大限度地降低各种原材料的消耗，切实做到保护环境。

3.1.7 效益分析

1. 技术效益

本技术过程中可控制沉井下沉速度和下沉趋势，使成型顶管工作井质量达到验收标准；施工过程采用先下沉后开挖的顺序，开挖在有外墙保护条件下进行，防止土方坍塌和地下水渗入，大大提升了沉井的质量和安全。

2. 工期效益

本技术可以有效地缩短沉井施工工期，施工速度达到 2m/班，比传统现浇沉井被动下沉施工速率提高 1 倍，为将来长距离管线工程工期筹划提供了有力的保障。

3. 经济效益

主动压沉装配式沉井以标准结构（长×宽×深＝7m×5m×8m）为例，前期模板设计、加工费用10万元，后期机械、材料、人工费共计25万元，综合造价35万元，工程目前采用倒挂井壁法竖井施工综合造价40万元。考虑前期模板费用摊销。每座工作井可节省费用：$40-(25+10/n)$，工程量大，每座沉井可节省15万元。同时采用主动压沉装配式沉井在富水粉细砂层等不良地层施工中可节约后续土体加固的措施费用，为工程带来的经济效益更为显著。

4. 环境效益

采用主动压沉装配式沉井可不降水施工，有效避免水资源浪费，节约水资源；主动压沉施工模式、预制拼装沉井结构，其施工过程无大型机械及混凝土浇筑施工，对周围环境扰动小、环境污染小，节能环保，环境效益显著。

3.2 小间距群洞暗挖穿越大直径管网控制技术

3.2.1 工程简介

1. 工程概况

某综合管廊工程总长1705m；其中有200m穿越输水干线，为小间距群洞暗挖段（分离式三洞形式），暗挖穿越范围内上方有3根D2200输水管道，斜向相交，隧道距离输水管竖向净距为3.9m、4.0m和4.6m。

暗挖段两侧设置有两座明挖结构兼作暗挖施工竖井使用。位于暗挖段南侧的为1号施工竖井，位于暗挖段北侧的为2号施工竖井。由南至北逐渐变浅，坡度0.5%。1号竖井基坑长度26.3m，宽度11.8m，深度约14.7m；2号竖井基坑长度26.3m，宽度11.8m，深度约13.7m。

2. 工程地质条件

本工程沿线勘探范围内的土层划分为人工堆积层、新近沉积层和一般第四纪沉积层。

根据勘探成果分析显示，暗挖管沟穿越的地层主要为④砂质粉土、⑤黏土和⑥粉质黏土，局部为④-1中砂和④-3角砾，根据有关标准，围岩分类为Ⅰ类，土、石可挖性分级为Ⅱ类。施工过程中极易出开挖后坍塌变形及初期支护结构局部失稳等。暗挖穿越详细地层情况如表3-1所示。

地质情况特征表　　　　　　　　　　　　　　　　　　表3-1

成因年代	大层序号	地层序号	地层岩性	层顶标高（m）	平均层厚（m）
人工堆积层	1	①	黏质粉土-粉质黏土填土	28.99～30.14	1.78
新近沉积层	2	②	细砂	26.19～25.84	2.55
		②-1	粉质黏土		
		②-2	黏质粉土-粉质黏土		
	3	③	黏土	24.10～25.47	2.32
		③-1	有机质土-泥炭质土		

续表

成因年代	大层序号	地层序号	地层岩性	层顶标高（m）	平均层厚（m）
一般第四级沉积层	4	④	砂质粉土	21.52～23.54	2.31
		④-1	中砂		
	5	⑤	黏土	19.73～21.41	2.61
	6	⑥	粉质黏土	17.17～18.41	12.35
		⑥-1	黏土		
		⑥-2	粉质黏土-砂质黏土		
		⑥-3	细砂		

3. 水文地质条件

本次岩土工程勘察期间竖井及暗挖沿线于钻孔中实测到 3 层地下水，水位埋深情况如表 3-2 所示。

水位埋深情况 表 3-2

层数　　　米	平均埋深（m）	静止水位标高（m）	平均静止水位标高（m）	地下水类型
第一层	2.09	25.95～27.97	27.20	潜水
第二层	17.78	10.27～12.56	11.52	潜水
第三层	28.88	−1.51～4.77	−1.51	潜水

第一层水水量不大，主要受大气降水和西侧排水沟中的水位影响，第二层水水量也不大，第三层水水量大。

3.2.2　工程难点

1. 工程重点、难点

（1）大直径输水管保护

暗挖段隧道下穿 3 根输水干管，管径达到 2200mm，属于一级风险源，设计给定最大沉降控制值只有 10mm，在群洞穿越富水扰动地层施工中严格控制管线沉降，保证输水管线安全运营是重点。

（2）富水地层非降水施工，保证施工安全和地层沉降满足要求，难度大

暗挖隧道穿越地层有 3 层地下水，施工且正赶上雨期施工，地层地下水水位高，含量丰富；供水管线下方为粉细砂地层，由于管线施工时为疏干地下水施工了很多沙漏井，隧道上方粉质黏土被扰动土施工中地层稳定性较差，施工中注浆难于达到完全堵水目的，极易引起潜蚀、管涌、流砂和流土。

群洞开挖施工，优化开挖洞序和施工参数，避免群洞施工引起沉降的叠加效有难度。

马头门处结构受力的转换、土体扰动多，受力复杂。

2. 下穿上水管线施工风险的分析

（1）施工风险分析

风险分析与评价与风险识别紧密相关，是指在定性识别风险因素的基础上，进一步分

析和评价风险因素发生的概率、影响的范围、可能造成损失的大小以及多种风险因素对项目目标的总体影响等，达到更清楚地辨识主要风险因素，有利于项目管理者采取更有针对性的对策和措施，从而减少风险对项目目标的不利影响。这一过程是将风险的不确定性进行量化，评价其潜在的影响。

在本工程当中共有一个一级风险、一个二级风险和两个三级风险，其中下穿 3 条既有管线是一级风险需要重点研究和防护。

（2）施工风险控制

风险控制就是采取一定的技术管理方法避免风险事件的发生或在风险事件发生后减小损失。采取这些措施时不可避免地要产生一定的费用，但与承担风险比较，这些费用要远远少于风险事件发生后造成的损失。当前，建设施工中的安全事故时有发生，成本急剧增加，其原因主要在于施工单位盲目赶进度、降成本，没有注意规避风险。风险控制的目的就是尽可能地减小损失，在施工中一般采取事前预防和事后控制。事前预防是通过采取有效的措施，减少损失发生的机会；事后控制则是在风险事件发生时，尽可能防止事态扩大和情况恶化，并就产生损失的大小和原因进行分析、确认，属于业主的责任要提出索赔，例如业主延期付款造成的损失、自然灾害造成的损失等均可提出索赔。

风险源概况：本隧道暗挖项目共有一个一级风险、一个二级风险和两个三级风险，风险及技术措施具体情况如表 3-3 所示。

风险情况表

表 3-3

序号	风险工程名称	位置范围	风险基本状况描述	风险工程等级	风险工程采取施工技术措施
1	自身风险	暗挖段结构	暗挖管沟采用 CD 法和台阶法施工，深孔注浆加固地层	三级	施工前对输水管线渗漏情况详查，并对管线附近的空洞或水囊进行填充处理，做好监控量测工作。断面多导洞分步开挖，控制开挖步距 0.5m；采用断面注浆加固地层并起到止水作用
2	3 条综合管沟暗挖斜穿 3 条 DN2200 给水管		A1 断面净宽 4.80m，净高 4.10m；A2 断面净宽 4.80m，净高 3.60m；B 型断面净宽 4.00m，净高 3.20m。覆土厚度 10.32m。暗挖管沟距离输水管竖向最小净距分别为 3.9m 和 4.0m，和 4.6m	一级	
3	竖井基坑施工	暗挖段两端	1 号施工竖井基坑深度 14.7m，2 号施工竖井基坑深度 13.7m	二级	施工中加强对基坑变形及地表沉降进行检测，并及时反馈检测结果
4	竖井基坑施工邻近上水管线	暗挖段两端	施工竖井与上水管线最小间距 14m，基本位于基坑施工影响范围外	三级	破马头门处为施工难点，该处结构受力的转换，土体扰动多，受力复杂，确保结构稳定和施工安全

3.2.3 施工方案优化

地下管线的变形受多方面因素的影响，涉及工程地质、水文地质、隧道的开挖掘进速度以及开挖方式等各个方面。其中开挖方式对地下管线的变形影响较大，特别是本工程井挖隧道为三洞隧道，断面较大，故其开挖方式与施工方案就显得尤为重要。

1. 下穿隧道群施工方案

隧道的施工方案对于下穿隧道群的稳定性及管线的变形影响重大。本工程隧道群为分离式三洞隧道。

隧道施工必须严格按优化确定的施工顺序、施工错距、开挖参数、二衬施作时机、施作方式、施作长度以及施工工序等进行各分部及结构施工。其中施工顺序是重点，怎样合理而且准确地选出施工顺序，对工程的顺利完工以及工期的要求至关重要。故在实际工程的施工中应认真考虑，将从三种可能的方案中，讨论施工顺序的不同对地下管线变形的影响，从中合理分析，优化施工顺序，确定一个合理的施工方案。隧道施工可能方案有以下三种：

方案一：从左至右依次施工，即先施工 A1 断面，随后施工 A2 断面，最后施工 B 断面。

方案二：从中间隧道开始施工，先施工 A2 断面，随后 A1 断面与 B 断面同时施工。

方案三：从两侧开始施工，先施工 A1 与 B 断面，随后施工 A2 断面。

为了研究开挖工序这一单一因素对管线变形的影响，故三条隧道开挖均设置成 2m 一循环，模拟这三种方案的实际施工情况，从对管线的变形的影响，给具体施工提供参考。

2. 施工方案数值模拟分析优化

运用 Midas 数值模拟技术进行模拟开挖顺序，并进行分析。

由于 3 根输水管道之间相距在 8 倍管径以上，故在数值模拟中忽略了相邻管线之间的相互影响，只通过隧道开挖 20m 的过程中来分析隧道群开挖对地下管线变形的影响。通过对比三种不同的开挖方案，得出更加有利于工程稳定性的施工方案。

方案对比及结果分析如表 3-4 所示。

施工方案模拟结果对比 表 3-4

隧道开挖顺序方案	具体方案描述	管线最大沉降(mm)	管线两侧的差异沉降(mm)	工期
方案一	从左至右依次施工，即先施工 A1 断面，随后施工 A2 断面，最后施工 B 断面	38.01	12.43	较长
方案二	从中间隧道开始施工，先施工 A2 断面，随后 A1 断面与 B 断面同时施工	36.47	15.42	适中
方案三	从两侧开始施工，先施工 A1 与 B 断面，随后施工 A2 断面	36.55	9.01	适中
结论	方案三的开挖方式不仅提高了开挖速度，而且在管线变形的方面也比其他两种方案控制得好，特别是在管线两侧的差异沉降方面尤为突出。由前述可知，当管线两端差异沉降越小，管线的曲率也就越小，管线更趋向于安全，故工程中选用方案三的施工顺序进行开挖			

隧道开挖过程中在引起管线沉降的同时，也会引起管线在纵向的差异沉降，对于地下管线，两侧的差异沉降是控制管线安全的主要指标，具有很重要的研究价值。

通过表中数值可以清楚地发现，方案三的开挖方式不仅提高了开挖速度，而且在管线变形的方面也比其他两种方案控制得好，特别是在管线两侧的差异沉降方面尤为突出。由前述可知，当管线两端差异沉降越小，管线的曲率也就越小，管线更趋向于安全，故工程中选用方案三的施工顺序进行开挖。

3. 施工总体方案

以控制管线变形为目标，采用地表与地下联动组合施工技术，即首先在地表采用超前挟持式双管注浆加固管线侧方和下方土体，地下施工到管线距离 5m 位置采用超前深孔注浆和双排小导管注浆加固层间土层，提高地层力学参数和阻水能力。同时优化洞群施工步序和参数，采用单洞通过方案，施工中根据检测数据反馈指导施工，在富水扰动地层非降水条件下完成了小净距洞群施工。

3.2.4　管线超前注浆加固保护技术

本工程中所穿越的上水管线分析可知，该管线为Ⅰ类有压刚性管线，其变形控制标准可采用最大允许绝对沉降值和斜率来控制。

对群洞下穿施工管线保护方案进行了优化分析，提出了采用地表和地下联动组合施工等措施，地表采用挟持式双排管注浆加固，洞内采用超前深孔注浆加固和双排管注浆加固。

1. 地表夹持式双层导管预注浆加固措施

（1）地表夹持式双排管注浆参数

本次地表注浆方案采用大角度斜向注浆管和小角度斜向注浆管分段、分层对供水管进行地表注浆加固。斜向注浆管主要加固供水管线下方的土体，小角度斜向注浆管主要加固供水管线周围的土体。小角度斜向注浆管与地面夹角为 75°，大角度斜向注浆管与地面夹角为 60°。地面注浆 60°注浆管与 75°注浆管交叉布置，并且在输水管两边各有一排注浆管，注浆管间距 1m，注浆管有直径 $\phi 42$ 中空水煤气管加工而成，和注浆小导管类似，长度根据管线埋深确定。注浆浆液采用超细水泥浆液，注浆压力控制在 0.2～0.5MPa。注浆方案如图 3-3 所示。

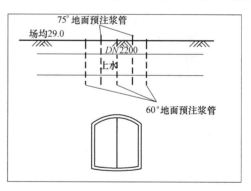

图 3-3　地表注浆加固断面示意图

（2）浆液选择与优化

超细单液水泥浆由超细水泥和水搅拌而成。

注浆原材料：水泥为超细水泥，粒径 $d_{90} \leqslant 20\mu m$，比表面积大于 8000cm²/g。

浆液配合比：超细单液水泥浆水灰比为 1∶1（重量比）。

（3）注浆参数（表 3-5）和土壤孔隙率参数（表 3-6）

（4）注浆设备和工艺

导管注浆配备与工艺相适应的成孔设备、注浆设备、搅拌设备和其他设备，不可临时拼凑，以保证注浆质量。

地表夹持式双管注浆参数表　　　表 3-5

项目 指 标	超细单液水泥浆	改性水玻璃浆液
注浆初压（MPa）	0.2	0.2
注浆终压（MPa）	0.4	0.4
浆液扩散半径（m）	0.2	0.25
注浆速度（L/min）	≤50	≤30

浆液注入量：

$$Q＝\pi R2Ln\alpha\beta$$

式中：R——浆液扩散半径（m）；

　　　L——注浆管长度（m）；

　　　n——地层孔隙率；

　　　α——地层填充系数，取 0.8；

　　　β——浆液消耗系数，取 1.1～1.2

土壤孔隙率参数表　　　表 3-6

土壤名称	孔隙率（%）
冲积中、粗、砂砾	33～46
粉砂	33～49
亚黏土	28.6～50
黏土	41～52.4

成孔设备根据地质情况选用专用钻机成孔，根据注浆工艺，配有双液注浆泵，搅拌水泥浆液采用人工搅拌方式其注浆压力不小于 0.5MPa，排浆量大于 50L/min 并可连续注浆。搅拌改性水玻璃采用风动搅拌方式，搅拌水泥浆液采用人工搅拌方式，其搅拌桶有效容积不小于 400L。

导管注浆时，根据需要配有混合器、抗震压力表、高压胶管、高压球阀、水箱及储浆桶等辅助设备。导管注浆时，还配备必要的检验测试设备，如秒表、pH 计等。所有计量仪器、仪表均有产品合格证及检定单位检定合格证。

注浆工艺：

注浆开始前，根据注浆方式（单液）正确连接管路。

注浆开始前，进行压水试验，检验管路的密封性和地层的吸浆情况，压水试验的压力不小于终压 0.5MPa，时间不小于 5min。

管路畅通后，将配好的浆液倒入泵贮浆桶中，开动注浆泵，再通过小导管压入地层。注浆施工工艺流程如图 3-4 所示。

（5）注浆关键技术措施

注浆过程中，严格控制注浆压力，注浆终压力必须达到 0.2～0.4MPa，并稳压，保证浆液的渗透范围，防止出现压力过大引起管线变形，串浆。当出现浆液从其他孔内流出的串浆现象时，将串浆孔击实堵塞，轮到该管注浆时再拔下堵塞物，用钢丝或细钢筋清除管内杂物，并用高压风或水冲洗（拔管后向外流浆不必进行此工序），然后再注浆。

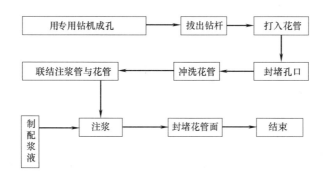

图 3-4　注浆施工工艺流程图

注浆管与小导管采用活接头联结，保证快速装拆，拆下活接头后，快速封堵小导管口，防止未凝固的浆液外流。注浆的次序由两侧对称向中间进行，自左而右隔孔注浆。注浆过程有专人记录，每隔 5min 详细记录压力、流量、凝胶时间等，并记录注浆过程中的情况。

2. 洞内超前深孔注浆预加固地层措施

（1）洞内超前深孔注浆加固参数

洞内采用前进式超前深孔注浆预加固地层封堵地下水，加固范围从起拱线开始拱圈周边 1.5m 范围。采用普通水泥＋水玻璃双液混合浆液注浆，从掌子面放射注浆，一次注浆坚固 12m，开挖 10m，留 2m 止浆盘。注浆压力控制在 0.3～1MPa。

加固断面如图 3-5 所示。

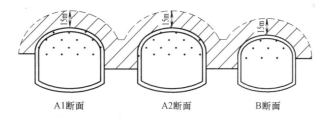

A1断面　　　　A2断面　　　　B断面

图 3-5　加固断面图

（2）浆液选择与优化

1）注浆材料

水泥：P.O.42.5R 普通硅酸盐水泥。

水玻璃：模数 2.1～2.8，浓度 25～35Be°。

2）浆液配比（表 3-7）

止水加固注浆时选用普通水泥-水玻璃双液浆。

溶腔填充物为淤泥或泥水混合物时选用普通水泥浆液。

3）浆液配制

① 单液水泥浆：先在搅拌机内放入定量清水进行搅拌，然后按配比放入水泥，连续搅拌 3min 即可。

浆液名称	原材料	浆液配比
普通水泥单液浆	42.5R 普通硅酸盐水泥	水灰比 W∶C＝0.6～0.8∶1
普通水泥—水玻璃双液浆	42.5R 普通硅酸盐水泥 35Be°以上水玻璃	水灰比 W∶C＝0.6～0.8∶1 水玻璃浓度 25～35Be° 水泥、水玻璃体积比 C∶S＝1∶1～0.5

浆液配比　　　　　　　　　　　　　　　表 3-7

②双液浆：水泥浆的配制同上，水玻璃浆的配制方法是先在搅拌桶内放入浓水玻璃，然后再加入清水，加水的同时不断地搅拌。在配制过程中采用玻美剂测试水玻璃的浓度，直至达到设计要求的浓度为止。

水泥-水玻璃双液浆通过调整水泥浆浓度来控制凝胶时间。一般在几分钟到数十分钟。

隧道内设双层超前导管，其中上层长导管预注超细单液水泥浆，下层短导管预注改性水玻璃浆液。

（3）前进式深孔注浆工艺流程

考虑到注浆范围内大部分为砂质粉土，后退式深孔注浆难以成孔和止浆塞起不到止浆效果，故采用前进式深孔注浆。

工艺流程如图 3-6 所示。

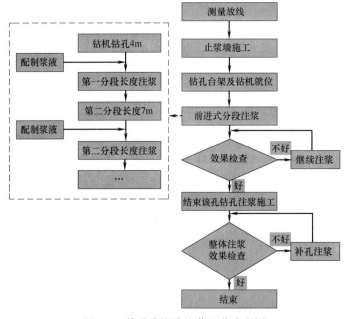

图 3-6　前进式深孔注浆工艺流程图

（4）注浆范围

每循环注浆长度 12m，单孔有效扩散半径 0.5m，终孔间距 1.0m；注浆范围为隧道开挖轮廓线外 1.5m。注浆终压为 0.4～0.6MPa。

钻机就位后按照止浆墙预留注浆孔位计算钻头水平角和仰角。钻孔第一段钻孔深度约 4m 左右，开始封孔注浆，根据压力、注浆量和时间曲线及观测孔判断注浆是否饱满。第一注浆段完成后继续钻进到达第二设计分段长度开始第二次注浆，如此循环直至到达最长设计长度完成全部注浆。退出钻头至止浆墙外 2m 处对全段注浆孔进行补浆后完成一个孔位注浆。钻孔按先外圈，后内圈，先下部后上部的顺序进行。

（5）注浆参数

1）注浆

注浆的原则是先填充注浆、再渗透注浆。正式注浆前，先进行注浆试验，以掌握浆液填充率、注浆量、浆液配比、浆液凝结时间、浆液的扩散半径、注浆终压等参数，为后续注浆提供科学依据，确保注浆质量。

注浆方式为前进式分段注浆，每次钻进 2～3m 注浆一次，水平最长 12m。观测和记录泵排量和注浆压力情况，如出现问题，应时调整配比、注浆压力、凝固时间及排量。

2）注浆压力的控制

开泵前旋转压力调节旋钮将油压调在要求的表刻度上，随注浆阻力的增大，泵压随之升高，当达到调定值时，自动停机。

如果不能预先设定压力值的注浆，在压力达到预定值时，要打开泄浆阀减压。

3）凝胶时间的控制

通过变换水泥浆和水玻璃的浓度以及水泥浆与水玻璃的比例，均可以调整双液浆的凝胶时间，为保证胶凝时间的准确，每变换一次浓度或配比时，需要取样实配，并测定其凝胶时间；同时在泄浆口接混合后测定实注双液浆的凝胶时间，避免异常情况发生。

3. 洞内双排管预注浆加固措施

考虑到可能洞内深孔注浆存在注浆盲区，或末端注浆加固效果不理想等情况，在通过管线前后 5m 范围内，同时在洞内采用双层小导管注浆，注浆小导管与隧道轴线夹角分别为 60°和 15°，灌注浆液采用普通水泥＋水玻璃双液混合浆液注浆（图 3-7）。

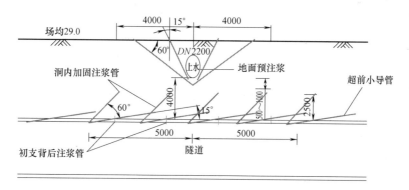

图 3-7　双排管注浆加固断面示意图

3.2.5　监控量测

1. 监测方案

（1）地表沉降监控量测

平面测点布置在暗挖段中心线方向布设 11 排沉降测点，排距 20m，点距 4.5～8m，单排地表沉降测点共计 11 个测点。

（2）监控量测的方法

开挖后及时观察基坑内外情况，对工程和水文地质情况、支护状态、邻近构筑物及地面的变形、裂缝情况进行记录，每天不少于一次。及时绘制位移～时间、位移速率～时间曲线，对数据进行回归分析，推算最终位移值，确定曲线变化规律，据此指导施工。

2. 数据处理及反馈

监控量测资料均由计算机进行处理与管理，当取得各种监测资料后，能及时进行处理，绘制各种类型的表格及曲线图，对监测结果进行回归分析，预测最终位移值，预测结构物的安全性，确定工程技术措施。因此，对每一测点的监测结果要根据管理基准和位移变化速率等综合判断结构和建筑物的安全状况，并编写周、月汇总报表，及时反馈指导施工，调整施工参数，达到安全、快速、高效施工之目的。

3.2.6 结论

以控制管线变形为目标，采用地表与地下联动组合施工技术，即首先在地表采用超前挟持式双管注浆加固管线侧方和下方土体，采用超前深孔注浆和双排小导管注浆加固层间土层，提高地层力学参数和阻水能力。同时优化洞群施工步序和参数，采用单洞通过方案，施工中根据检测数据反馈指导施工，成功在富水扰动地层非降水条件下完成了小净距洞群施工。

3.3 现浇管廊模板施工技术

本技术为综合管廊明挖法施工中应用技术。明挖现浇施工管廊工程量很大，工程质量要求高，对管廊模板的需求量大。常用的明挖现浇混凝土管廊的模板工程主要有木模板、铝模板，台车模板。

3.3.1 工程概况

某市政道路及综合管廊建设项目包含道路、综合管线和综合管廊工程，其中综合管廊分为单仓管廊、双仓管廊和四仓管廊，单仓管廊为综合仓；双仓管廊为综合仓和高压电力仓；四仓管廊为燃气仓、综合仓、雨水仓和污水仓。管廊结构均为现浇钢筋混凝土结构。

根据现场管廊类型分布，在现浇管廊中存在标准段和非标准段（即井室段），因此在现浇管廊施工中模板工程采用铝合金模板施工技术配合木模板施工技术，其中模板支撑采用模块化模板支架施工技术。在单仓管廊模板工程使用台车模板施工技术配合木模板施工技术。

管廊混凝土采用两次浇筑的施工工艺，第一次浇筑至底板倒角以上一定高度位置，第二次完成剩下部分浇筑。

3.3.2 木模板施工技术

1. 模板设计方案

管廊模板采用竹胶板及方木拼装而成，管廊墙身模板加工时，方木竖向布置，间距为15cm一道，主梁采用 $\phi48\times3.5$ 双钢管，横向布置，间距为 45cm 一道。墙身模板采用

M14 三段式止水拉杆配合钢管斜撑固定，止水拉杆长度不低于 900mm，止水拉杆设置在主梁与次梁交叉的位置，间距为 45cm×45cm，止水拉杆处设置钢管斜撑，长度根据实际情况确定。第一次墙身模板高底板倒角以上一定高度，采用拉杆配合斜撑进行加固。第二次墙身模板高至顶板，与已浇筑混凝土搭接一定尺寸。

顶板模板采用模块化模板支架与木模组合而成，立柱顶端设置可调顶托，主梁位于顶托上，采用 $\phi48×3.5$ 双钢管，横向布置，纵向间距 60cm，横向间距为 45cm，次梁采用 30mm×80mm 方木，纵向布置，横向间距为 15cm（图 3-8～图 3-14）。

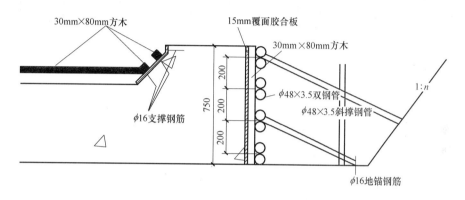

图 3-8 第一次浇筑模板加固横断面示意图

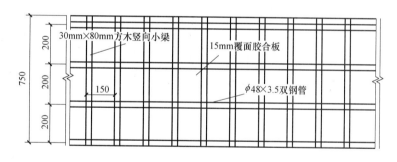

图 3-9 第一次浇筑模板加固侧立面示意图

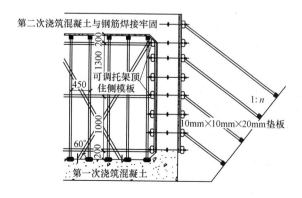

图 3-10 第二次浇筑模板加固横断面示意图

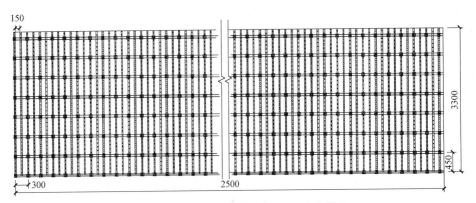

图 3-11　第二次浇筑模板加固立面示意图

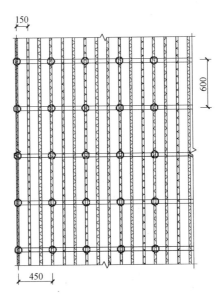

图 3-12　顶板模板平面示意图

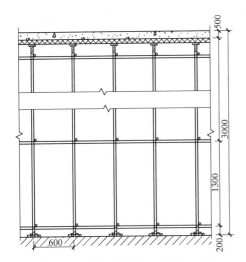

图 3-13　模板支架纵向剖面示意图

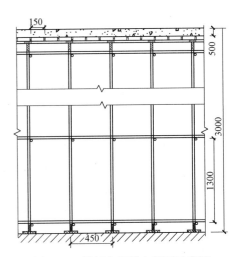

图 3-14　模板支架横向剖面示意图

2. 材料技术要求

（1）钢管、构件、方木、竹胶板的选用性能、尺寸要满足设计和规范要求。

（2）模板材料进场要进行质量验收，必须提供产品合格证、质量检验报告，保证外观质量尺寸合格。符合规定才能通过验收使用。

3. 施工工艺

（1）垫层模板

混凝土垫层为 100mm 厚的 C20 素混凝土，模板采用 10cm×10cm 宽方木，在模板外用 $\phi 12$、$L=300mm$ 的钢筋头按 1000mm 的间距固定。

（2）底板模板

底板钢筋绑扎完成后，底板侧模板按照墙身模板设计要求配置，侧模板与倒角模板采用止水拉杆对拉固定，亦可采用钢筋内撑与钢管外撑的加固方式。

（3）墙身模板

1）工艺流程：安装前检查（接地、竖槽）→一侧墙模吊装就位→安装斜撑→插入穿墙螺栓→清扫墙内杂物→安装就位另一侧墙模板→安装斜撑→穿墙螺栓穿过另一侧墙模→调整模板位置→紧固穿墙螺栓→斜撑配合固定→与相邻模板连接。

2）管廊墙身模板加工时，方木（小梁）竖向布置，间距为 15cm 一道，主梁采用 $\phi 48×3.5$ 双钢管，横向布置，间距为 45cm 一道。墙身模板采用 M14 三段式止水拉杆配合钢管斜撑固定，止水拉杆长度不低于 900mm，止水拉杆设置在主梁与次梁交叉的位置，间距为 45cm×45cm，外侧模板设置钢管斜撑加固调整，内侧用支架水平杆横向加固。第一次墙身模板采用拉杆配合斜撑进行加固。第二次墙身模板高至顶板，与已浇筑混凝土搭接一定尺寸。模板加工时必须稳定、牢靠，确保在使用周期内安全。

（4）集水坑及井室、十字交叉井模板

用竹胶板和木方制作而成，技术参数参照墙身模板设计参数。

（5）顶板模板

1）工艺流程：放线定位→铺设钢垫板→搭支架→测标高→摆主梁→摆次梁→铺模板→调整标高→清理、刷油→检查模板标高、平整度、支撑牢固情况→绑扎顶板钢筋。

2）顶板支架搭设：顶板支架采用模块化模板支架，详见本书 3.3.6 节。模块化模板支架托撑横梁上上铺设竹胶板，接缝应严密，防止浇筑混凝土时漏浆。

（6）预留预埋设施

要求固定在模板上的预埋件和预留孔洞不得遗漏，且应安装牢固，有抗渗要求的混凝土结构中的预埋件，应按设计及规范要求采取防渗措施。

4. 模板施工要求

（1）模板拼装

模板组装要严格按照模板图尺寸拼装成整体，并控制模板的偏差在规范允许的范围内，拼装好模板后要求逐块检查其背楞是否符合模板设计，模板加工后应进行编号，方便施工安装。

模板安装前用墨线弹出模板的边线，以便于模板的安装和校正。利用水准仪将模板高程直接引测到模板的安装位置。

已经破损或者不符合模板设计图的零配件以及面板不得投入使用；支模前对前一道工

序的标高、尺寸预留孔等位置按设计图纸做好技术复核工作。

（2）模板支设

支模前应先检查基坑的稳定情况，当有裂纹及塌方迹象时，应采取安全防范措施后，方可下人作业。当深度超过2m时，操作人员应扶梯上下。

距基槽（坑）上口边缘2m内不得堆放模板。向基槽（坑）内运料应使用起重机、溜槽或绳索；运下的模板严禁立放在基槽（坑）土壁上。

斜支撑与侧模的夹角不应小于45°，支在土壁上的斜支撑应加设垫板，底部的对角楔木应与斜支撑连牢。

模板搭设完成后应及时向项目部质监人员报验，验收合格后方可进行下道工序施工。

（3）模板拆除

支拆模板时，2m以上高处作业设置可靠的立足点，并有相应的安全防护措施。拆模顺序应遵循先支后拆，后支先拆，从上往下的原则。

模板拆除前必须有混凝土强度报告，侧模在混凝土强度能保证构件表面及棱角不因拆除模板而受损坏后方可拆除，底模在混凝土强度达到设计强度的75%方可拆模。

3.3.3 铝合金模板施工技术

铝合金模板施工技术是北京市住房和城乡建设委员会2017年发布的十项新技术推广的模板脚手架技术之一，引用部分原文件技术内容：

铝合金模板是一种具有自重轻、强度高、加工精度高、单块幅面大、拼缝少、施工方便的特点；同时模板周转使用次数多、摊销费用低、回收价值高，有较好的综合经济效益；并具有应用范围广、成型混凝土表面质量高、建筑垃圾少的技术优势。铝合金模板符合建筑工业化、环保节能要求。

1. 技术内容

图3-15　管廊铝合金模板

（1）组合铝合金模板设计

1）组合铝合金模板由铝合金带肋面板、端板、主次肋焊接而成，是用于现浇混凝土结构施工的一种组合模板（图3-15）。

2）组合铝合金模板分为平面模板、平模调节模板、阴角模板、阴角转角模板、阳角模板、阳角调节模板、铝梁、支撑头和专用模板。

3）铝合金水平模板采用独立支撑，独立支撑的支撑头分为板底支撑头、梁底支撑头，板底支撑头与单斜铝梁和双斜铝梁连接。铝合金水平模板与独立支撑形成的支撑系统可实现模板早拆，模板和支撑系统一次投入量大大减少，节省了装拆用工和垂直运输用工，降低了工程成本，施工现场文明整洁。

4）每项工程采用铝合金模板应进行配模设计，优先使用标准模板和标准角模，剩余部分配置一定的镶嵌模板。对于异形模板，宜采用角铝胶合板模板、木方胶合板或塑料板模板补缺，力求减少非标准模板比例。

5）每项工程出厂前，进行预拼装，以检查设计和加工质量，确保工地施工时一次安装成功。

（2）组合铝合金模板施工

1）编制组合铝合金模板专项施工方案，确定施工流水段的划分，绘制配模平面图，计算所需的模板规格与数量。

2）底板施工铝模板安装工作

① 底板施工工序：测量放线→绑扎底板钢筋→底板侧模板安装→腋角模板安装→模板加固（安装斜撑）→浇筑底板混凝土。

② 底板侧模板采用斜撑进行加固，并且在侧模板上安装 K 板螺丝；倒角模板采用横向支撑杆件定位，然后将底板侧模板和倒角模板用 K 板连接固定件连接起来。

③ 底板模板加固完毕后应进行标高复测，确保高程符合设计要求，同时也是保证管廊整体标高的前提。

3）墙模板及顶模板的安装工作

① 铝模板安装顺序：墙模板安装→安装顶板主龙骨及顶板模板→铝模板系统加固→综合验收→混凝土浇筑→下一仓工序循环。

② 先安装墙模板：墙身外侧模板与底板混凝土搭接一定尺寸后立模内侧支撑在角模上，这样可使模板保持侧向稳定。墙身模板采用三段式对拉止水拉杆固定。墙模板安装时，应随时支撑固定，防止倾覆。

③ 安装主龙骨及顶板模板：安装完墙身模板后，安装顶板主龙骨，并用支撑杆将顶板主龙骨调整到合适的高度。顶板安装从角部开始，依次进行拼装。安装顶板模板时，每排第一块板模安装后，用销子将板模与横梁进行固定；放置第二块模板时，暂不连接，以便为第三块模板留出足够的调整范围；待第三块板放置好后，用销子将第二块板与横梁进行固定。用同样的方法放置这一排剩余的顶板模板。

④ 铝模板系统加固：顶板铝模拼装完成后进行墙铝模的加固，即安装背楞及止水拉杆。安装背楞及止水拉杆应两人在墙的两侧同时进行，背楞及止水拉杆安装必须紧固牢靠，用力得当，不得过紧或过松，过紧会引起背楞弯曲变形，过松在浇筑混凝土时会造成胀模。

经实测实量及校正复查自检，向监理报验合格后方可进行下步施工。

⑤ 重复上述步骤，即可完成下一段管廊的模板施工。

4）施工缝的模板及加固处理：因管廊外墙施工缝处有钢板止水带，所以外墙墙端模板需要断开，模板需夹住钢板止水带。

（3）铝合金模板的拆除

1）拆模条件

《混凝土工程施工质量验收规范》GB 50204、《铝合金模板技术规范》DBJ15-96 及《钢框胶合板模板技术规程》JGJ 96 中关于铝模底模早拆体系时的混凝土强度必须符合表 3-8 要求：

在铝模早拆体系中，当混凝土浇筑完成后强度达到设计强度的 75％后即可拆除顶模，只留下支撑杆，采用早拆体系需多留置一组混凝土试块来确定模板拆除时间。支撑杆的拆除根据留置的拆模试块来确定拆除时间（按表 3-8 的强度要求）。

铝模底模早拆体系时的混凝土强度表 表 3-8

构件类型	构件跨度(m)	达到设计的混凝土抗压强度标准值的百分率(%)
板	≤2	≥50%
	>2,≤8	≥75%
	>8	≥100%
梁、拱、壳	≤8	≥75%
	>8	≥100%
悬臂构件	/	≥100%

2）拆除过程

① 拆除墙侧模：当混凝土强度达到 2.5MPa，即可拆除侧模。先拆除斜支撑，后松动、拆除止水拉杆螺栓；再拆除铝模连接的销子和楔子，用撬棍撬动模板下口，使模板和墙体脱离。拆下的模板和配件及时清理，并传至下一段管廊。模板拆除时注意防止损伤结构的棱角部位。

② 拆除顶模：根据铝模的早拆体系，当混凝土浇筑完成后强度达到设计强度的 75% 后方可拆除顶模，以留置混凝土试件强度报告为准。顶模拆除先从板支撑杆连接的位置开始，拆除板支撑杆销子和与其相连的连接件。紧跟着拆除与其相邻板的销子和楔子。然后可以拆除铝模板。每一列的第一块铝模被搁在墙顶边模支撑口上时，要先拆除邻近铝模，然后从需要拆除的铝模上拆除销子和楔子，利用拔模具把相邻铝模分离开来。拆除顶模时确保支撑杆保持原样，不得松动。拆除完顶模后，接着拆除扫地杆和水平横杆，此时立杆不能拆除。

③ 拆除支撑杆：支撑杆的拆除应符合《混凝土工程施工质量验收规范》GB 50204 关于底模拆除时的混凝土强度要求，根据留置的拆模试块来确定支撑杆的拆除时间。拆除每个支撑杆时，用一只手抓住支撑杆另一只手用锤向松动方向锤击可调节底托，即可拆除支撑杆。

3）铝模板拆除注意事项

① 拆除前应做好防坠措施，且至少要两人协同工作。

② 顶模的拆除必须等混凝土强度达到早拆条件，拆除顶模时须逐渐传递下来，切不可把销子和楔子全部取下，再拆除一整面铝板。

③ 拆除铝模时切不可松动，和碰撞支撑杆。

④ 拆模过程中如发现混凝土有黏膜等现象，要暂停拆除，上报项目部由技术部研究处理后方可继续施工。

⑤ 拆下的铝板应立即用刮刀铲除铝板上污物，并及时刷涂脱模剂。

⑥ 施工过程中弯曲变形的铝模板应及时运到加工场进行校正。

⑦ 拆下的配件要及时清理、清点，转移至下一段管廊。

2. 技术指标

（1）铝合金带肋面板、各类型材及板材应选用 6061-T6、6082-T6 或不低于上述牌号的力学性能。

（2）平面模板规格：宽度 100～600mm，长度 600～3000mm，厚度 65mm。

（3）阴角模板规格：100mm×100mm、100mm×125mm、100mm×150mm、110mm×150mm、120mm×150mm、130mm×150mm、140mm×150mm、150mm×150mm，长度 600～3000mm。

（4）独立支撑常用可调长度：1900～3500mm。

（5）墙体模板支点间距为 800mm，在模板上加垂直均布荷载为 $30kN/m^2$ 时，最大挠度不应超过 2mm；在模板上加垂直均布荷载到 $45kN/m^2$，保荷时间大于 2h 时，应不发生局部破坏或折曲，卸荷后残余变形不超过 0.2mm，所有焊点无裂纹或撕裂；顶板模板支点间距 1200mm，支点设在模板两端，最大挠度不应超过 1/400，且不应超过 2mm。

3. 适用范围

采用现浇混凝土施工的各类管廊工程。

4. 工程案例

此技术曾应用于西宁市地下综合管廊工程项目等。

3.3.4 台车模板施工技术

管廊台车混凝土采用两次浇筑的施工工艺，第一次浇筑至底板内底以上一定高度，模板采用定型钢模；第二次浇筑高度至顶板顶，采用定型钢模台车。

1. 管廊模板台车结构（图 3-16）

（1）驱动系统

管廊台车设置车轮，底部铺设轨道，采用卷扬机拖拽、人工配合的方式移动。

（2）支撑系统

台车模板由台车车架支撑、拖带前进。模板进入混凝土浇筑工作状态时，外侧模板与台车模板之间用三段式止水拉杆拉紧；台车模板用自带撑杆支撑到位，模板下部用通拉杆拉紧；此时机械千斤顶支撑整部台车的重量，车轮处于不受力状态。

（3）模板概述

台车模板，按设计施工图纸给定尺寸制作，第二次浇筑时模板下包一定尺寸。模板使用全钢

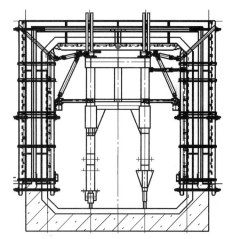

图 3-16 管廊台车断面示意图

模板。考虑模板的加工精度，模板在连接时要加密封条封闭。

2. 管廊模板台车施工

（1）单节台车吊装

本工程每次施工需要 3 节台车配合使用，考虑到场地的限制，台车采用先单节组装，而后吊送到位，链接成整体的方式。

单节台车组装应按以下工序进行：组装轮系→安装下纵梁、千斤顶→吊装门架→安装门架间连系梁→检查门架和连系梁连接的可靠性→安装上纵梁→吊装上顶模板→吊装侧模板→撑杆支撑模板到位→调平消除间隙→检查平整度→检查螺栓是否锁紧→检查台车工作性能。

（2）本管廊台车由轮系结构、台架、模板组成。

1）先组装好轮系。

2）台架由千斤顶、下纵梁、门架、上纵梁和连系梁组成。

采用运输车把所需部件运至现场，吊车吊装，人工配合。先吊装下纵梁，和千斤顶连接；然后吊装门架，其吊装时，可以先中间后两边依次吊装，同时安装连系梁，直至完毕。门架和下纵梁通过螺栓连接，此时螺丝稍稍紧上即可，不宜拧得太紧，以便调整位置，待连系梁安装到位后，重新紧固螺栓。最后安装上纵梁。

3）模板由上顶模板和侧模模板组成。

待台架安装完毕，核对尺寸无误后，安装模板。先吊装上顶模板，由于台车尺寸不大，可以把上顶模板在地面上组装完成后，整体吊装到门架上，人工配合调整模板位置正确；在路面上组装好侧模模板，安装背杠，然后通过撑杆把侧模模板吊挂到上顶模板上，最后调整撑杆长度，调节模板位置。

（3）台车整体组装

1）按照设计要求铺设钢轨，钢轨中心距离和图纸所给尺寸一致，钢轨铺设平整、牢固。

2）把台车运输到施工现场，用吊车把台车吊送到位，人工配合调整台车位置正确；固定预埋件；用螺栓把每节台车连成一个整体。

（4）台车外侧墙模板就位

外侧墙模板主要是组合钢模板，在机械配合下搭设钢管支架，在此基础上进行外侧模板施工。安装前必须将内模台车调整到位，用配套拉杆与内模紧固到位，再进行下一块模板安装，拆模为安装的逆过程。

（5）预埋件安装

1）预埋槽安装：竖槽安装时需将紧固螺栓与竖槽拧紧，并用扎丝配合固定，务必使竖槽安装位置准确、垂直。

2）止水钢板安装：纵向施工缝止水钢板安装受倒角钢筋制作和安装影响，外露在15～18cm之间。

3）止水钢板安装：止水钢板焊缝必须饱满，安装位置准确。

（6）脱模和台车移位

1）混凝土浇筑完成之后，认真进行养护，达到规定的拆模条件后方可拆除模板。

2）台车脱模主要流程是：拆除管廊外侧墙对拉螺杆和外侧墙组合钢模板，解除台车保险销卸除内模螺旋丝杆，收回内侧墙模板；拔掉顶部螺旋丝杆插销，卸掉顶板螺旋丝杆，启动顶模千斤顶液压支撑系统，降下顶模；待顶模完全脱离顶板；检查所有内、外侧模已经脱离混凝土墙体，所有对拉螺杆已经拆卸，顶模脱离顶板，检查舱内和轨道上是否有阻碍台车行进的障碍物，在清理完成之后，推动台车，行驶至下一节段，进行下一节段施工。

3. 台车施工要求

（1）模板安装要确保支撑牢靠。安装完成后模板必须无变形，光滑、平整，确保结构尺寸和平整度满足要求。模板必须牢固可靠，缝洞嵌补严密，模板要做刮灰刷油处理。

（2）检查模板接缝是否严密，不得漏浆，必要时采用密封条密封。

（3）模板拼装前必须打磨除锈，确认表面是否光滑，与混凝土的接触面是否清理干净并涂刷脱模剂。

（4）检查模板铰接安装是否到位、模板间螺栓是否锁紧。

（5）检查台车动作是否正常。

（6）根据设计要求铺设侧墙台车轨道，轨距与台车轮距一致，左右轨面高差小于 2mm。

4. 台车施工质量要求

（1）模板台车的门架结构、支撑系统及模板的强度和刚度应满足各种挤、压、荷载的组合。

（2）模板台车面板厚度不宜小于 5mm。

（3）混凝土浇筑过程中，应设专人负责经常检查、调整模板的形状及位置；对门架应加强检查、维护；模板如有变形走样，应立即采取措施。

（4）模板台车整体质量必须满足管廊净空尺寸要求，模板拼装检查并进行防锈处理，防锈处理前表面应打磨干净，无焊渣、毛刺、飞边。模板储存、运输、吊装应有防变形措施。

3.3.5　模块化模板支架施工技术

管廊施工中，模板支撑体系采用模块化模板支架。模块化模板支架施工技术不需将满堂支架全部拆除，仅需拆除各个支架相连接的部分杆件，将支架拆分为若干个单元，并在各单元支架的前后端扫地杆下各布置一个移动装置，在预设的轨道上定向行进，移动装置通过扣件与满堂支架的立杆或水平杆连接固定在一起；之后通过动力牵引或人力推动支架移动至预定位置，各模块进行重新调整连接加固，重新形成整体支架。

管廊采用了模块化模板支架快速施工技术，每一节段管廊长 25m，每一施工节段管廊模块支架横向不分块、纵向 5m 左右分一施工模块，移动时每一模架单元安装两个移动拖车，移动拖车分别安装在模架单元架体的前后段中间的位置，因架体较小，架体移动时采用人工推动。

1. 模块化模板支架快速施工工艺流程

在搭设单元模块支架之前，先将底板进行清理，清除杂物及垃圾，待搭设完若干个模架单元架体后，将相邻模架单元架体根据需要用水平杆、剪刀撑等进行连接成整体，验收支架，合格之后进行下步工序。之后进行模板安装、钢筋绑扎、混凝土浇筑等后续施工。待混凝土强度达到设计要求和规范规定后，松动可调托撑、拆除模架单元间的模板、水平杆件及剪刀撑等。在模架单元架体下方安装移动装置，将模架单元逐个移动到下一个使用位置，调整模架单元架体，将模架单元连接成整体再次使用。

2. 模块化模板支架的搭设

满堂支架采用 $\phi48\times3.5$ 碗扣支架，支架立杆纵向步距为 600mm，横向步距为 600mm；水平杆步距 1200mm。支架上下两端均设置可调节的托撑或底座。托撑或底座均伸出支架不大于 30cm。托撑上由 10cm×4.8cm 槽钢组成纵梁，再由 10cm×10cm 方木组成横梁，横梁顶为 1.8cm 厚模板（图 3-17）。

将上述满堂支架分成若干模块单元，每一单元横向 4 立杆步距，纵向 5 立杆步距，中

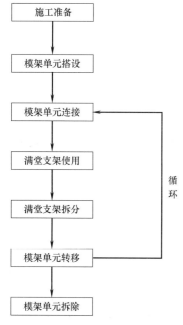

图 3-17　模块化模板支架快速施工
工艺流程图

间间隔 1 个立杆步距，每个支架模块单元四周设竖向剪刀撑，使每一个模块单元的支架都相对稳固（图 3-18）。

满堂支架搭设时，先从某一端测设好的位置开始搭设，搭设一个模块单元的模板支架，由下往上顺序进行底座布置、立杆安装、横杆安装、顶部顶托安放，调整架体使其符合规范要求，安装水平、竖向剪刀撑，使单元架体整体稳固；再搭设下一个邻近模块单元的支架；然后将两个模块单元之间的水平杆件连接，视情况在两个模块单元间加设临时竖向剪刀撑，使两个单元暂时形成一个整体，以此类推搭设完整仓的满堂支架，检验合格后进行后续施工。搭设完的满堂支架如图 3-19 所示。

3. 模块化模板支架的周转使用

（1）模块化模板支架拆除

在混凝土具备拆模条件时，可进行满堂支架的拆除、转运和再次搭设的作业，模块化模板支架拆除作业遵循由上而下、先搭后拆、后搭先拆的原则进行拆除作业，在保证拆除作业安全的前提下，先松动顶托，让模板和顶板分离；然后，顺序拆除模板、方木横梁和槽钢纵梁；接着，拆除模块单元架体之间连接的水平杆件和竖向剪刀撑等连接杆件，使各个模块单元架体彼此分隔开，成为独立的单元架体。这样就完成了模块化模板支架的拆除作业。

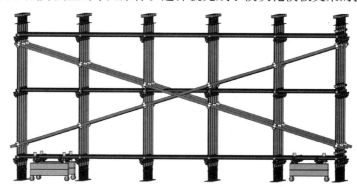

图 3-18　模块单元架体示意图

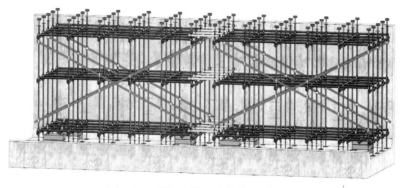

图 3-19　模块化模板支架搭设示意图

（2）模块化模板支架转运

单元架体之间分开后，在单元架体底部安放提前制作好的架体移动装置——移动小车，每单元架体下安装两个移动装置，移动装置分别安放在前后方向第一步距和最后一步距、左右方向中间步距内。移动装置小轮下与基底之间放置槽钢便于移动装置行走和行走过程的方向控制。

为了使拟放置于架体下的移动装置与架体连接稳固，在架体扫地杆下方加设一排水平杆。将水平杆与移动装置的竖向短钢管连接牢固，移动装置与架体的连接是经过计算满足承载力要求的。逐个松动底座，让架体完全落在两个移动装置上，同时底座离开地面1～2cm，并用钢丝将底座与最下端水平杆件绑扎牢固，防止架体移动过程中，底座脱落影响架体移动（图3-20）。

架体移动过程安排专人控制架体移动速度、方向和就位位置，并观察移动过程中架体的状况，发现问题及时采取相应措施。架体到达指定位置后，逐个松开底座与水平杆件的连接，转动调节螺母，让底座恢复支撑作用，使移动装置离开地面，卸下移动装置用于后续架体移动。

图3-20 移动装置示意图

（3）模块化模板支架再次搭设

单元架体就位，拆除移动装置后，安排人员快速对已就位的单元架体进行检查调整，使该单元架体符合使用要求。后续的单元架体移动至新位置后，及时将刚就位的单元架体与已就位的单元架体之间用水平杆件连接好，并对架体进行检查调整，安装单元架体间连接的竖向剪刀撑。以此类推，就完成了满堂支架架体的再次搭设。

3.3.6 工程结果

在综合管廊模板工程中，采用了铝合金模板施工技术配合木模板施工技术，其中模板支撑采用模块化模板支架施工技术，在单仓管廊模板工程使用台车模板施工技术配合木模板施工技术，顺利完成管廊主体结构的施工。

在现浇管廊模板工程中，铝合金模板强度高、刚度大，拼缝质量好，混凝土施工质量好，铝合金模板采用"快拆支撑体系"节省了工期，铝合金模板节能环保。台车模板施工效率高，混凝土成型质量好。模块化模板支架施工技术具有模块化、快速移动、节约工期和人工等优点，提高了工作效率。

3.4 预拌流态固化土基槽回填施工技术

在各类工程基槽回填施工过程中，往往会遇到基槽回填空间狭窄、回填深度大、回填土夯实质量不稳定、回填土要求质量高等难题。因回填土不密实造成建筑物散水、管道、入户道路等部位沉陷破坏，丧失使用功能的事故时有发生。

承台和地下室外墙的基槽回填土质量至关重要，在地震和风载作用下，可利用其外侧土抗力分担相当大份额的水平荷载，从而减小桩顶剪力分担，降低上部结构反应。若忽视基槽回填的质量，以至出现浸水湿陷，导致散水破坏，会给桩基结构在遭遇地震工况下留下安全隐患，应避免这种情况的发生。传统工艺多使用小型夯实设备进行素土或者灰土分层回填，但该工艺施工难度较大、回填工期较长、回填的质量还难以控制，且存在扬尘和环境污染等问题，因此多数工程为确保回填质量只好采用素混凝土进行回填。

混凝土的使用中也存在一些难以解决的问题。首先，由于各地砂、石料资源紧张、趋于枯竭，以及运输成本的不断增高，导致混凝土的价格一路上涨、居高不下。混凝土的价格增长和货源稀缺，已经给工程的建设实施造成了严重影响；其次，在工程建设中经常遇到改良土体、加固土体方面的处理需求，比如地基处理、路基加固等，也经常遇到针对矿山采空区、沟槽等特定部位的浇筑回填方面的施工作业，这些工程需求往往对成品材料的要求不是很高，如果仍然采用混凝土为施工材料，会显著增高了施工成本。

一方面，在港口、道路、矿山、城市建设等各类工程的地基基础处理中，被开挖、置换出的泥土、渣土每年的数量可高达几十亿立方米，这些泥土、渣土绝大部分没有被有效地回收和利用，而是被视为废弃物堆置、抛弃，造成大量土地资源和泥土资源的浪费，而且易对周围环境造成二次污染；另一方面，素混凝土强度较大给后期维修、维护带来了难题。

预拌流态固化土是针对以上难题而专门创新出的一种建筑材料，其根据工程需要和岩土特性，利用当地的固体废弃物制备专用的高效岩土固化剂；就地取土，加入固化剂和水，搅拌成流动性强、自密性好的混合料；通过浇筑和养护，硬化后形成具有强度的岩土工程材料。

预拌流态固化土是采用高效岩土固结剂固化细颗粒土（淤泥质土、粉土、黏土、风化岩颗粒等）。优点为就地取材，利用工地开挖的废弃土经特殊工艺加工返用于工程。根据各施工部位设计要求，制备不同强度等级的固化土，能有效填补预拌混凝土在超低强度的空白，流动性强于混凝土，施工无须振捣，又可有效地降低成本，不受原材料市场影响快速完成施工。

3.4.1 工程简介

某工程为国家重点工程，建筑面积近 10 万 m^2，建筑总高度 45m，包含地上及地下建筑。

现场运输条件：

（1）现场水平运输条件差，基坑东侧、西侧及南侧大部分仅有不足 2m 的人行通道，回填材料运输条件极差，效率低。

（2）车辆出入现场主要通道为东北角大门及南侧大门，回填土的运输会对主体结构施工产生影响。

（3）回填材料进入现场的运输时段只能为夜间，与主体结构施工时间有冲突。

现场土方存储条件：

现场仅基坑西北侧及东南侧具备施工场地，主体结构施工期间均作为钢筋加工场，是保证主体结构施工的关键场地，基坑基槽施工期间，地上主体结构正在施工，现场不具备土方存储条件。

3.4.2 基槽回填方案

本项目基坑开挖深度为22m，结合本工程现场实际情况，基槽采用灰土或者素土回填存在很大难度，主要有以下几项原因：

（1）本工程属于深基坑施工，基槽宽度设计为1m，基槽中通视条件有限，在狭小的作业空间长时间连续施工，安全隐患大。

（2）本工程基坑内局部设置4道钢腰梁，基槽宽度扣除工字钢宽度后净宽约为0.8m。当采用灰土或者素土进行回填时，因钢腰梁的存在导致部分土方无法下落至基槽底部，且局部区域存在异形断面，无法用机械进行夯实。

（3）本工程工期紧，若采用人工夯实回填工艺，该工法施工速度慢、施工周期长，且夯实的质量不稳定，难以达到设计要求，容易出现质量事故。

（4）采用灰土或素土夯实存在扬尘等环境污染的问题。

根据上述基槽回填的特点，结合现场实际条件，可采用创新技术预拌流态固化土进行回填，填筑的高度为基槽底至冠梁顶。技术要求为：预拌流态固化土28d强度达到设计所要求的0.8MPa，坍落度为180～200mm。该技术利用固化土密实性好、强度高、流动性强、抗渗性能好、压缩性低等优点，极大改善基槽回填的不均匀性，采用此项新技术不仅施工速度快，施工周期短，施工过程绿色、环保、无污染，浇筑后的固化土质量稳定、可靠。

3.4.3 预拌流态固化土填筑特点

1. 因土制宜、因地制宜、因材制宜

根据不同土层、不同设计要求、不同适用场地等变化，然后结合就近获取土料的性质，再根据工程所需要的具体强度以及比重要求、抗冻融要求、抗渗要求、耐酸碱等要求，对填筑材料的各材料配比进行针对性的调整。

2. 高效、节约、低碳

大量消耗积聚在施工现场周围的废弃土壤、减少废弃土占用的土地，既节约了材料成本，还节约了运输成本，避免二次处理，其固化剂可采用为磨细炉渣、矿渣和粉煤灰等工业废料，既实现了工业废料的有效利用，又降低了砂、石、水泥等成型建材的使用量，与直接采用混凝土相比，降低成型建材的使用率达到30％～65％。属于高效节约、低碳环保型产品，同时实现了废弃资源的循环利用，对社会的可持续发展具有重大意义。

3. 施工速度快、安全性高

按照目前的回填要求，只需24h即可达到进行下一步施工的强度，这种特性可保证回填的连续进行，且预拌流态固化土回填基槽所需工作面小，可多段同时施工，施工速度快、施工周期短、工艺环节少。与传统施工工艺相比，预拌流态固化土的浇筑有效避免工人长时间在狭小空间连续作业，极大提高了施工的安全性。

4. 极强的流动性和自密性

预拌流态固化土的流动性可以将狭窄空间和异形结构空间的所有空隙填实。由于其具有自密性的特点，施工时不需采用大型夯实和碾压设备，极大减少了施工对结构层的影响，浇筑过程中不会对防水层造成破坏。同时预拌流态固化土采用机械预拌、集中搅拌、现场浇筑的施工方法，施工灵活、操作方便，可操控各种材料的输入比例、分量，从而对填筑材料的物理性状、搅拌时间、搅拌效果进行调整，因此所形成的填筑材料成品细致均匀，浇筑受现场条件及施工人员因素影响较小。

5. 较好的抗渗性

固化剂可采用多种材料复合而成，能够充分地渗透填充于土颗粒间隙，各组料成分之间相互关联、相互促进，充分发挥复合凝胶效应和填充增强效应，因此固化土具有抗渗性。该特性既可防止地下水对固化土本身的破坏，同时还可以与基础结构紧密结合，防止地表水沿结构与回填的界面下渗。

6. 质量可控、绿色环保

预拌流态固化土回填基槽可以解决采用传统方案回填时，对土料要求高、作业面小、夯实难度大、夯实质量不稳定、与基础结构界面结合不好、干法施工无法保证遇水后发生沉陷等问题，其回填的效果可以达到素混凝土的效果，但造价远低于采用混凝土回填。现场浇筑时材料为液态不会产生扬尘污染，绿色环保。

7. 适用范围极其广泛

在地基加固、沟槽回填、道路路基、基坑支护帷幕墙、矿山采空区回填、墙体砌筑等工程中均可应用，应用前景广阔。材料成品可通过管道、溜槽、泵车等多种方式输送，特别适用于场地小、作业空间狭窄的工程。

3.4.4 施工工艺

1. 施工流程

预拌流态固化土施工流程如图 3-21 所示。

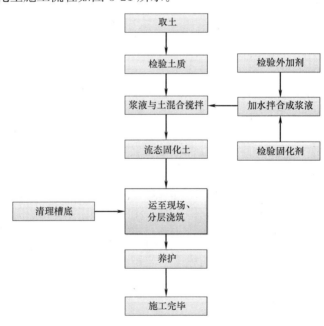

图 3-21　预拌流态固化土施工流程图

2. 施工要点

（1）拌合要求

拌制混合料时，各种衡器应保持准确，对材料的含水率，应经常进行检测，据以调整固化剂和水的用量。

配料数量允许偏差（质量计）固化剂各组分±2%，外加剂±1%。

固化土流动性状检查采用坍落度指标控制，坍落度检测办法参照混凝土坍落度检测执行。

由于配合比试验时土的重量是按干重度计算的，因此拌合时土的含水量会影响固化土的坍落度，拌合用水量应根据实际的坍落度及时进行调整。

混合料应使用专门机械搅拌，搅拌时间 2min，以搅拌均匀、和易性、流动性满足要求为准。

（2）分层回填要求

1）预拌流态固化土宜采用分层分块方式进行浇筑。固化土的初凝和终凝时间分别为 6h、12h，上层浇筑作业应在下层终凝后进行。

2）预拌流态土回填过程中，检查坑（槽）边壁上的标高控制线，保证每一浇筑层基本水平进行，浇筑时应合理配量施工机械和人员，平衡地进行。回填至顶标高处，应人工辅助刮平。

3）基槽回填应连续进行，尽快完成。施工中应防止地面水流入坑（槽）内。应有防雨排水措施。刚回填完毕或尚未初凝的固化土，如遭受雨淋浸泡，则应将积水及松软土除去，并补填。

4）浇筑时，遇大雨或持续小雨天气时，应对未硬化的填筑体表层进行覆盖。

5）施工取样：

连续浇筑少于 $400m^3$ 时，应按每 $200m^3$ 制取一组试件，连续浇筑大于 $400m^3$ 时，应按每 $400m^3$ 制取一组试件。试块制作要求同混凝土试块做法，尺寸采用 100mm×100mm×100mm 规格。固化土 28d 强度达到 0.8MPa，坍落度为 180～200mm。

6）找平与验收：

回填至顶标高后，应拉线或用靠尺检查标高和平整度，超高处用铁锹铲平；低洼处应及时补打固化土。

7）养护：

浇筑完顶层后，应立即对填筑体表面覆盖塑料薄膜或土工布保湿养护。养护时间不少于 7d。

3. 质量控制要点

（1）回填前基槽必须经过清理，清除垃圾积水等。严格把好固化剂等原材料使用检验关，质量部门对拌合土进行控制验收，固化土强度符合图纸设计要求，不合格坚决不予使用。土料和固化剂及拌合水应严格进行计量。

（2）基槽回填施工时，连续浇筑少于 $400m^3$ 时，应按每 $200m^3$ 制取一组试件，连续浇筑大于 $400m^3$ 时，应按每 $400m^3$ 制取一组试件。每层回填完成固化土终凝后，才能回填上层的固化土。并且在施工试验记录中，注明配合比、试验日期、层数（步数）、位置、试验人员签字等。

（3）严格按照施工方案，技术交底及施工规范等要求施工。夜间施工，加强照明，防止超厚，避免配合比不准。

（4）加强施工过程控制。雨期施工的工作面不宜过大，应有计划地逐段、逐片分期完成，拌合、运输、回填等工序应连续进行，并随时掌握气象的变化情况。

（5）基槽回填后，及时进行苫盖，终凝前防止日晒雨淋。在预知天气的情况下，对已完成层面须及时覆盖塑料薄膜，防止雨水浸湿。已填好的土层遭水浸，应把稀泥清除干净后，方能进行下一道工序施工。

（6）雨期施工，应定期对施工现场内原排水系统进行检查、疏通，必要时应相应增加排水设施，以保证排水畅通。施工现场内用配电设施须有防雨措施，并由专门人员负责检查、维修。

3.4.5 安全控制要点

1. 施工现场用电作业安全措施

（1）现场照明：照明电线绝缘良好，导线不得随地拖拉。照明灯具的金属外壳必须接零。室外照明灯具距地面不低于 3m，室内距地面不低于 2.4m。

（2）配电箱、开关箱：使用标准电箱，设置漏电保护器并确保完整无损，接线正确。配电箱设总熔丝、分开关，动力和照明分别设置。金属外壳电箱作接地或接零保护。开关箱与用电设备实行一机一闸一保险。

（3）架空线：架空线必须设在专用电杆上，严禁架设在树或机架上，架空线离地 4m 以上，离机动车道 6m 以上。

（4）接地接零：接地采用角钢、圆钢或钢管，其截面不小于 $48mm^2$，一组两根接地间距不小于 2.5m。

（5）用电管理：安装、维修或拆除临时用电工程，必须由电工完成，电工必须持证上岗，实行定期检查制度，并做好检查记录。

2. 机械设备安全措施

（1）凡使用或操作电动机械专业人员，必须进行安全用电的技术教育，了解电气知识，懂得其性能，正确掌握操作方法。

（2）所有施工设备和机具由专人负责检查和维修，确保状况良好。各技术工种必须持证上岗，杜绝违章作业。大型机器的保险、限位装置、防护指示器等必须齐全可靠。

（3）必须安排身体健康、精神正常、责任心强的人员从事用电工作。

（4）各类安全（包括制动）装置的防护罩、盖等要齐全可靠。

（5）机械与输电线路须按规定保持距离，各类机械配挂技术性能牌和上岗操作人员名单牌。

（6）须严格定期保养制度，做好操作前、操作中和操作后设备的清洁润滑、紧固、调整和防腐工作。严禁机械设备超负荷使用、带病运转和在作业运转中进行维修。

（7）机械设备夜间作业必须有充足的照明。

（8）露天使用的电气设备搭设防雨罩，凡被雨淋水淹的电气设备，应进行必要的干燥处理，经检验绝缘合格后方可使用。

（9）使用电器设备前，由电工进行接线运转，正常后交给操作人员使用。

（10）电气设备不带电的金属外壳、框架、部件等，均应做保护接零。

（11）定期和不定期对临时用电工程的接地、设备绝缘和电保护开关进行检测、维修，发现隐患及时消除，并建立检测维修记录。

（12）工作结束或停工 1h 以上，要将开关箱断电、上锁保护电源线和工具。

3. 治安消防措施

（1）治安消防工作必须坚持"预防为主、确保重点"和"预防为主、以消为辅"的指导思想，保证工程建设过程的安全。

（2）严格贯彻"谁施工、谁负责"的原则，经理部在施工现场成立"综合治理办公室"，密切配合当地消防部门和公安部门，对施工区的消防和治安工作，进行专门管理。

（3）广泛开展法制宣传和"四防"教育，提高广大职工群众保卫工程建设和遵纪守法的自觉性。

（4）根据消防规定，在有消防要求的施工场段及办公区、宿舍等地，配备消防器材，挂设安全警示牌和禁止牌，并设专人巡守。

（5）经常开展以防火、防爆、防盗为中心的安全检查，堵塞漏洞，发现隐患，限期整改。

（6）对施工现场的贵重物资、重要器材和大型设备，要加强管理，派专人巡守和设置防护设施或报警设备，防止物资被盗窃或破坏。

（7）对管理不善、执法不严、防范措施不力而发生火灾、盗窃、破坏建设和设施等重大案件，影响工程建设以及隐瞒恶性事故不报的应追究单位主管负责人的责任。

4. 其他安全措施

（1）施工人员进场后，作业前统一进行安全教育，提高施工队管理人员和工人的安全意识。

（2）凡进入现场的人员，均要服从值班员指挥，遵守各项安全生产管理制度，正确使用个人防护用品。操作人员必须佩戴安全帽，无安全帽者不得进入施工现场。禁止穿拖鞋、高跟鞋或光脚进入施工现场。

（3）生活区、拌合站、加工场要符合防水要求，切实做好防洪、防火、防中毒、防淹等工作。杜绝重大伤亡事故，减少一般性事故。

（4）现场应有安全管理人员巡视，发现安全隐患及时清除。

（5）施工用架子要确保牢靠。安排专门人员在基坑顶部巡视，防止上部坠物。

（6）固化土运输车离开边坡 3m 行驶，卸车时严禁将固化土直接投入坑内，防止后轮胎对边坡压力过大产生安全隐患。

（7）回填时派人检查边坡有无异常现象，发现有异常现象时及时通知人员疏散，并及时采取安全措施。

3.4.6 环保措施

（1）施工现场设置垃圾堆放点，做到日集日清、集中堆放、专人管理，并及时运出场外。

（2）施工用水要沉淀处理后，再排入市政下水道，以免堵塞城市管道。

（3）为防止施工尘灰污染，地面应洒水防尘。

（4）现场材料要及时卸货，按规定堆放整齐，施工车辆运送中如有散落，派专人打扫。落实施工现场"门前三包"。

（5）对职工进行环保知识教育，加强环保意识，积极主动地参与环保工作，自觉地遵守环保的各项规章制度。

（6）制定环保工作计划和措施，自觉接受环保部门、地方政府对工地环保工作的监督、检查。

（7）要减少施工噪声对邻近群众的影响，对强噪声机械采取必要的防噪、降噪措施。

3.4.7 效益分析

该基槽回填原计划采用灰土回填，由于工期要求紧、基槽空间狭小，且界面为异形界面，不便于夯实，质量不能达到设计要求，使用素混凝土回填技术可行，也能满足设计要求，但成本较高，后采用预拌流态固化土回填的方案，比素混凝土回填方案节约造价约35%。

预拌流态固化土进行基槽回填，其技术可行，施工快捷、质量可靠、安全环保、造价低廉，具有较好经济效益、环境效益和社会效益。

3.5 折叠内衬穿插法管道修复施工技术

非开挖修复技术是指采用少开挖或不开挖地表的方法进行给水排水管道修复更新的技术。按照修补部位分为整体修复和局部修复。按施工工艺不同分为：原位固化法（含翻转内衬、紫外固化内衬）、穿插管法（含短管内衬法、折叠穿管内衬法、胀管穿管法）、现场制管法［含螺旋缠绕法、不锈钢薄板内衬修复、粘板（管片）法］、涂层法四类。各类管道修复方法在给水管道中的应用如表3-9所示。

给水管道非开挖修复更新方法中穿插管法是采用牵拉、顶推、牵拉结合顶推的方式将新管直接置入原有管道空间，并对新的内衬管和原有管道之间的间隙进行处理的管道修复方法。

穿插管法包括连续穿插法和不连续穿插法两种施工方法，其中连续穿插法包括滑衬法、折叠内衬法、胀管法，不连续穿插法包括短管内衬法、短管胀插法。

折叠内衬法是采用牵拉的方法将压制成C形或U形的管道置入原有管道中，然后通过解除约束、加热、加压等方法使其恢复原状，形成管道内衬的修复方法。

3.5.1 城市管网现状与发展趋势

城市市政管网系统是城市基础设施重要组成部分，随着我国城市化进程不断提高，近几年每年新铺设和更新改造的市政管网长度超过10万km。对现有城市管网进行改造是城市发展过程中不可回避的问题。在城市地下管网的更新过程中如果全面采用开挖更换的手段，其庞大的开支不说，由此引起的环境问题、交通问题及对居民生活的影响都将是相当大的。采取非开挖手段解决管网改造中的问题，减少管网改造带来的负面影响是城市建设以及现代化社会生活的强烈要求。非开挖管道修复技术是在不开挖或少开挖（仅开挖工作井）的情况下，利用原管位资源，采取相关技术在现有管道内安装内衬（新管道）的方

表 3-9

非开挖修复更新方法适用范围和使用条件

非开挖修复更新方法		适应管径 (mm)	原有管道材质	内衬管道材质	注浆需求	最大允许转角	修复后管道截面变化	原有管道缺陷	局部或整体修复
穿插法		≥200	各种管材	PE、玻璃钢等	根据实际要求	11.25°	变小	结构性缺陷	整体修复
翻转式原位固化法		200～750	混凝土类、钢、铸铁等	玻璃纤维、针状毛毡、树脂等	不需要	45°	略变小	结构性缺陷	整体修复
碎(裂)管法		200～750	各种管材	PE	不需要	0°	可变大	结构性缺陷	整体更新
折叠内衬法	工厂折叠	100～300	混凝土类、钢、铸铁等	PE	不需要	11.25°	略变小	结构性缺陷	整体修复
	现场折叠	200～1600	混凝土类、钢、铸铁等	PE	不需要	11.25°	略变小	结构性缺陷	整体修复
缩颈内衬法		200～1200	混凝土类、钢、铸铁等	PE	不需要	11.25°	略变小	结构性缺陷	整体修复
不锈钢内衬法		≥800	混凝土类、钢、铸铁等	304、304L、316、316L	根据实际要求	90°	略变小	结构性缺陷	整体修复
水泥砂浆喷涂法		≥100	混凝土类、钢、铸铁等	水泥砂浆	—	—	略变小	功能项缺陷	整体修复
环氧树脂喷涂法	离心喷涂 高压气体喷涂	200～600	混凝土类、钢、铸铁等	环氧树脂	—	—	略变小	功能性缺陷	整体修复
局部修复法	不锈钢发泡筒法	≥200	混凝土类、钢、铸铁等	不锈钢、发泡胶	不需要	—	略变小	结构性缺陷	局部修复
	橡胶膨胀环法	≥800		橡胶、不锈钢带					

式使管道获得再生，可以重新获得 30～50 年的使用寿命。非开挖内衬修复技术的主要应用领域包括燃气管道、给水排水管道、化工管道、热力管道、石油管道及其他地下工业管道等。市政管网根据用途不同可分为：供水管网、排水管网、燃气管网、集中供热管网等，材质可分为：钢管、铸铁管、混凝土管、塑料管等。

美、英、日等国对使用几十年甚至一百年以上的排水、给水管道进行修复的技术起步较早。最初采用的是原位固化修复技术，随着材料和电子技术的发展，PE 管折叠内衬穿插法修复技术被推广使用，逐渐形成了专业化的管道内衬修复公司。20 世纪 90 年代初该施工技术被引入我国，经过在石油系统开发研究，逐步成熟并形成完整的技术体系，在国内迅速发展。目前涉及给水、排水、化工、热力和天然气等管道修复工程，取得了良好的经济效益和社会效益。

3.5.2　主要原理

折叠内衬插管法是将外径略大于主管道内径的 HDPE 衬管，通过变形设备将 HDPE 管经多级等径缩径或压 U 形并用纤维胶带绑扎，使其截面小于主管道的内截面，通过牵引机将 HDPE 管快速穿入被修复管道中（图 3-22）。然后依靠 HDPE 管自身记忆特性或通过增加压力和温度，将其打开并恢复到原来的管径，使 HDPE 衬管管径回弹膨胀并以过盈状态贴附于主管道内壁，与旧管道壁紧贴，形成防腐性能与被修复管道的机械性能相结合的一种复合结构材料。从而达到恢复主管道使用功能，延长使用寿命的目的。本方法的管道横截面面积减少较小，但由于 HDPE 管内壁光滑，水流阻力小，使得流量和流速都可能增加。

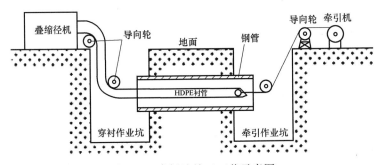

图 3-22　穿插法施工工艺示意图

折叠内衬插管法主要有压 U 变形技术和多级等径缩径技术等方式。

（1）压 U 变形技术

原理是利用材料的形状记忆特性，在内衬 HDPE 管插入现管道之前利用专用的压 U 设备将其截面变成 U 形，内衬是连续的，内衬 HDPE 管插入到管道后在压力作用下恢复原来的管道形状（图 3-23）。亦称折叠变形法，用于结构性和非结构性的修复。

（2）多级等径缩径技术

通过专用的缩径机在常温或加热之后拉拔内衬 HDPE 管，使其分子链重新组合，管径减小，在绞车的牵引力作用下快速拖入旧管道。变形就位后靠 HDPE 管长分子结构的记忆性，使其直径逐渐自然恢复，直至达到与原管道内径相同的形状和尺寸，形成紧密的内衬层。

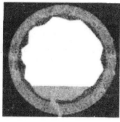

清管前　　　　　　　穿插衬管后　　　　　内衬管修复后管道

图 3-23　管道修复断面示意图

3.5.3　折叠内衬穿插法工艺特点

与短管内衬法等其他方法相比，折叠内衬穿插法修复管道具有以下特点：

（1）PE 管具有良好的化学稳定性和耐腐蚀性，不易结垢。由于 PE 分子无极性，管道化学稳定性好，也不会滋生细菌、微生物、藻类等，使用寿命长。

（2）该技术与开挖施工相比较具有土方量少，开挖工作量小，施工周期短等特点。对于直管段，只需要在两端开挖工作坑，即可实现穿插 HDPE 管道修复，不破坏道路和建筑物，拆迁量小，不影响交通。

（3）修复距离长，最长可一次穿插 1000m。

（4）管道采用热熔焊接，接口严密性好，可做到不渗不漏，承压能力强。

（5）工程造价较低，施工成本低，修复一条旧管线的成本为敷设新管线综合成本的 50% 左右。

（6）适用范围广，可以用于 $DN100 \sim DN1000$ 的各种材质管线的内衬修复。

（7）PE 管具有优异的耐磨性能。在同等条件下，PE 管与钢管的耐磨实验结果表明，同壁厚 PE 管的耐磨能力为钢管的 4 倍，因此 PE 管道的使用寿命长，可达到 50 年。

（8）由于 PE 管内壁光滑，摩擦系数仅为新钢管的 1/2，在修复完毕后可大大增加管道的输送能力。

（9）衬有 PE 管的管道可以增强管线的复合强度，提高原管线的承压、耐压能力。

（10）施工周期短、对交通和居民的影响很小，并且和更换新管道相比具有投资小的特点，具有很高的经济效益和社会效益，避免了城市"开拉链"现象，避免了大开挖更换管线造成的环境污染与经济损失。

3.5.4　折叠内衬穿插法管道修复施工技术

本工艺是在不开挖路面的情况下，利用相邻两个检查井作业，以待修复加固管道为载体，将经过特殊变形的管道整体拉入管内，通过加温、加压，恢复管道形状，并与现况管道融合，修复好管道的同时，提高管道承载能力。

1. 折叠内衬穿插法施工机械

（1）变形机（折叠机或缩径机）：靠牵引机带动，由多级滚轮将 HDPE 管压制成 U 形进行缩径的主要设备。

（2）热熔焊机：将每根长 12m 的 HDPE 管，热熔焊接成连续长度的 HDPE 管，每个焊口都要经过检验合格。

（3）刨刀盘：HDPE 管焊接前利用刨刀将管口进行修正对齐的设备。

（4）液压台车：焊接管道时利用液压装置对管道进行固定和挤压以达到焊接压力的设备。

（5）牵引机装置：用于牵引 HDPE 管的动力设备，由电机、钢丝绳、启动调速和制动开关及绞盘组成。

（6）工作机器人：通过摄像头检查旧管内部情况，HDPE 管修复情况和传递牵引钢丝绳的设备。

（7）法兰盘压边模具：通过加热设备加热 HDPE 管管端，利用模具将 HDPE 管做翻边处理与法兰制成复合法兰，从而实现管道与管道、管道与阀门的连接。

2. 折叠内衬穿插法材料要求及特点

聚乙烯材料，密度越高，刚性越好；密度越低，柔性越好。采用插管法进行内衬修复的材料，既要有较好的刚性，同时还要有较好的柔韧性，因此聚乙烯内衬材料一般都采用中密度和高密度聚乙烯材料，尤其是中密度上限、高密度下限居多。聚乙烯内衬层一次作业安装长度应根据地形、连接点、弯头和管道内部情况确定。聚乙烯内衬层最小壁厚应符合表 3-10 的要求。

聚乙烯内衬层最小壁厚要求   表 3-10

公称直径	DN100	DN150	DN200	DN250	DN300	DN350	DN400	DN500	DN600	DN700
最小壁厚	4.0	5.0	6.0	7.0	8.0	8.5	9.6	12.5	14.0	16.0

聚乙烯内衬层用与油气管道内衬时应符合现行国家标准《燃气用埋地聚乙烯（PE）管道系统 第 1 部分：管材》GB 15558.1 的规定，用于给水管道内衬时应符合系列现行国家标准《给水用聚乙烯（PE）管道系统》GB/T 13663 的规定。聚乙烯内衬层材料的分类应符合表 3-11 的规定。

聚乙烯内衬层材料分类   表 3-11

类型	长期静液压强度（20℃,50年,97.5%）（MPa）	最小强度（MPa）
PE80（第二代）	8.00～9.99	8.0
PE100（第三代）	10.00～11.19	10.0

目前常见的聚乙烯材料分为 PE63、PE80、PE100 等，其中的中密度聚乙烯（MDPE）PE80 级别材料、高密度聚乙烯（HDPE）PE80 级材料、高密度聚乙烯（HDPE）PE100 级别材料从材料性能上满足管道内衬的要求，三类 PE 内衬用材料的主要物理性能典型值如表 3-12 所示。

三类 PE 内衬材料主要物理性能   表 3-12

性能	单位	试验方法	中密度聚乙烯 PE80	高密度聚乙烯 PE80	高密度聚乙烯 PE100
密度（基础树脂）	g/cm³	《塑料 非泡沫塑料密度的测定》GB/T 1033	0.940	0.949	0.950
密度（混配料）	g/cm³	《塑料 非泡沫塑料密度的测定》GB/T 1033	0.950	0.958	0.959

性能		单位	试验方法	中密度聚乙烯 PE80	高密度聚乙烯 PE80	高密度聚乙烯 PE100
熔体质量流动速率（MFR）	2.16kg	g/10min	《塑料　热塑性塑料熔体质量流动速率（MFR）和熔体体积流动速率（MVR）的测定》GB/T 3682	0.2	0.10	0.03
	5kg	g/10min		0.8	0.45	0.25
屈服强度		MPa	《塑料　拉伸性能的测定》GB/T 1040	＞18	＞20	＞22
断裂强度		MPa		＞30	＞30	＞30
断裂伸长率		%		＞600	＞600	＞600
简支梁缺口冲击强度	23℃	Kj/m²	ISO 179-1 ISO 179-2	不断	不断	不断
	−20℃	Kj/m²	ISO 179-1 ISO 179-2	＞50	＞30	＞50
弯曲模量		MPa	ISO 178	600	800	900
氧化诱导时间（OIT）（210℃）		min	ISO 11357-6	＞20	＞20	＞20
耐环境应力开裂（ESCR）F50		h	《塑料　聚乙烯环境应力开裂试验方法》GB/T 1842	＞10000	＞10000	＞10000

注：MFR 为熔体质量流动速率；OIT 为氧化诱导时间；ESCR 为耐环境应力开裂。

工厂生产的 U 形内衬管连续缠绕，聚乙烯变形管不应有裂片、窄裂纹、龟裂或碎裂等痕迹。HDPE 管道具有以下主要优点：

（1）连接可靠

聚乙烯管道系统之间采用电热熔方式连接，接头的强度高于管道本体强度，聚乙烯管与其他管道之间采用法兰连接，方便快捷。

（2）适用温度广

高密度聚乙烯的脆化温度约为−70℃，管道可在−60～60℃温度范围内安全使用，不会发生脆裂。

（3）抗应力开裂性好

HDPE 具有低的缺口敏感性、高的剪切强度和优异的抗刮痕能力，耐环境应力开裂性能非常突出。

（4）耐化学腐蚀性好

HDPE 管道可耐多种化学介质的腐蚀，土壤中存在的化学物质不会对管道产生降解作用，不会发生腐烂、生锈或电化学腐蚀现象。不会促进藻类、细菌或真菌生长。

（5）耐老化、使用寿命长

含有 2％～2.5％均匀分布的炭黑的聚乙烯管道能够在室外露天存放或使用 50 年，不会因遭受紫外线辐射而损害。

（6）可挠性好

HDPE 管道的柔性使得它容易弯曲，特别是对于老管线修复，可以吸收管线地质结构变化产生的微小变形。

（7）水流阻力小

HDPE 管道具有光滑的内表面和黏附特性，具有比传统管材更高的输送能力，降低了管路的压力损失和输水能耗。HDPE 管在加工过程中不添加重金属盐稳定剂，无毒性，具有良好的卫生性能（图 3-24）。

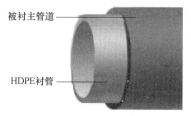

图 3-24　内衬管结构示意图

3. 施工工艺流程

施工工艺流程：现场勘探→聚乙烯（PE）加工→作业坑开挖→管道停输→作业坑内管道断管→管道清理→PE 管焊接→PE 管现场折叠→液压牵拉铺设→管道复圆→作业坑内管道连接→CCTV 内窥检测→管头及支线处理→作业坑回填（图 3-25）。

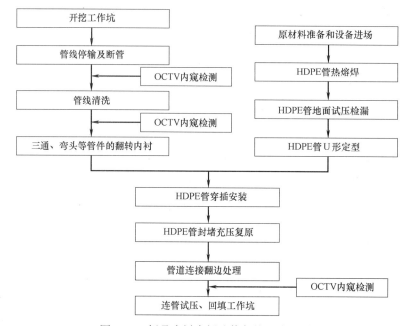

图 3-25　折叠内衬穿插法修复施工流程图

4. 主要施工方法和措施

（1）导水施工

导水作业是排水管线修复中的一项重要并不可缺少的步骤，导水方案的制定是以现场调查、管线情况为基础，结合管线的使用情况等其他因素确定的。导水一般分段进行，可采用软渡管导水、利用附近现况污水管道倒水等方法。基本要求：随时检查管堵的气压，当管堵气压降低时及时用空压机对其充气；管内水量充满时对管堵进行支撑与牵引；及时抽出修复管段中的污水；不影响排水用户的正常使用。

（2）管道冲洗及清淤

本修复技术对原管道清洗要求较高，管道内衬修复前必须对原管道进行清洗，目前应用最多的主要有高压水冲洗、拉镗清洗等。通过外壁镶嵌合金的拉镗头、高压水射流能够轻松清除管道内硬垢、焊瘤、无机盐沉积物等清洗难度较大的污垢，以满足插管施工工艺要求。

管道清淤的关键是有限空间作业安全和防护。管道中的污水，通常能析出硫化氢、甲烷、二氧化碳等气体，某些生产污水还析出石油、汽油成苯等气体，这些气体与空气中的氧混合，能形成爆炸性气体。特别由于液化气残液的乱倒，一旦进入排水管道容易造成危险。人员下井作业，除应有必要的劳动保护用具外，下井前须先将气体检测仪放入井内进行检测。常见的清淤方法有水力清淤和机械清淤两种。

施工人员进入检查井前，井室内必须使大气中的氧气进入检查井中或用鼓风机进行换气通风，测量井室内氧气的含量，施工人员进入井内必须佩戴安全带、防毒面具及氧气罐。

清淤：在下井施工前对施工人员安全措施安排完毕后，对检查井内剩余的砖、石、部分淤泥等残留物进行人工清理，直到清理完毕为止。施工清淤期间对上游首先清理的检查井应进行封堵，以防上游的淤泥流入管道或下游施工期间对管道进行充水时流入上游检查井和管道中。

（3）管道内窥检测（CCTV）

采用先进的 CCTV 管道内窥检测系统，在管道内自动爬行，对管道内的锈层、结垢、腐蚀、穿孔、裂纹等状况进行探测和摄像，将图像传输到地面，可以即时观察并能够永久保存录像资料。在施工过程中利用管道内窥检测系统对管道内壁进行监控，为制定修复方案提供重要依据；对清洗、修复前管道内壁结垢、腐蚀状况及管道清洗、修复后的效果进行直观检查、比较和记录，提供对管道施工质量进行评估的依据。

清洗状况的检查和检测管道内部尺寸是保证管道内衬安装成功的一个关键环节，目前的检验手段普遍采用工业 CCTV 管道内窥成像系统进行检验，将管道内部存在的可能影响内衬安装质量的因素和位置调查清楚，采用管道内部尺寸检测仪器确认管道内部尺寸，判断管道内部可能存在的一些焊瘤、残留硬垢等的具体尺寸，便于后续处理。

清理完成的管道应避免杂物、水等进入；管道内不能有尖锐突起杂物，管道错位应进行修补，达到不影响 HDPE 管道与原管道紧密贴合的程序（图 3-26）。

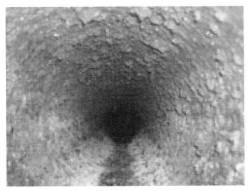 

(a) 清洗前管道内壁　　　　　　　　　　　(b) 清洗后管道内壁

图 3-26　管道内壁清洗前后对比图

（4）HDPE 管道焊接

HDPE 管道采用电热熔专用设备焊接，应在无风、干燥的条件下进行，焊接后要自然冷却，绝对禁止油污。应有专人对每道焊口进行质量检验，检查凸边高度是否均匀、错皮量是否大于壁厚 10%，不合格的焊口必须割开后重新焊接。必要时进行拉伸试验，检查焊口强度。管道焊接后需要自然冷却，导致焊接工作量较大，单个焊口从开始焊接到冷却完成，至少需要 30min 以上。为减少现场工作量，制造 HDPE 管道时应在条件允许的情况下尽量使管段长一些，以减少焊口数量。

热熔焊接时外界环境条件应符合聚乙烯管道施工的要求：

1）环境温度低于 5℃，应将聚乙烯内衬管的管端部 2m 范围内在大于 5℃的温度下预热 40min 以上。

2）环境温度高于 30℃时，应使焊机在帐篷下工作以避免日光光线的直射暴晒。

3）在雨天环境下施工时，应使焊机在帐篷下工作并做到聚乙烯内衬内外均无水滴。

4）聚乙烯内衬管在施工场地的堆放应保证管道不受到应力损坏和污染。

热熔焊接连接的工艺参数由计算机控制，应符合热熔连接工具生产厂和聚乙烯内衬管材厂家的规定，对接焊接的连接符合标准中的规定。聚乙烯内衬管完成焊接工艺后应保证在焊接管的冷却时间大于 20min，在冷却期间并应确保整个内衬管段不受任何外力的作用。

聚乙烯内衬管焊接完成后，用专用工具将聚乙烯内衬管外侧的热熔焊瘤切除掉，聚乙烯内衬管内侧的焊瘤可以保留。塑料的热熔焊接目前缺少焊接质量的定量检测手段，目前常用的检测方式是从焊接接口处的外观质量进行判断。在将聚乙烯内衬焊接完成后，进行外观质量检验，焊缝处无气泡、裂纹、脱皮和明显的痕纹、凹陷。且色泽一致为合格焊缝，否则为不合格焊缝，不合格焊缝应重新焊接。

管道焊接完毕进行气密性试压，试验压力 0.1MPa，稳压 30min，无泄漏为合格。

（5）压 U 成型和穿插

HDPE 管试压合格清洗后进行压 U 成型和穿插，通常一个工作段的压 U 和穿插用一部机械式牵引机一次完成。先将牵引机和压 U 成型装置固定在待修管线的两端，把焊好的 HDPE 管通过牵引绞车导入压 U 机，成型并用胶带进行捆绑固定，在牵引机的拉力作用下使 PE 内衬管从待修管线的一端穿插作业至另一端。牵引速度控制在 8～12m/min，牵引力不大于 HDPE 衬管的屈服极限 20.0MPa 的 50%。

穿插前先将准备穿越的管道热熔连接，在工作坑一端放置压 U 机。将牵引绳与 PE 管道端固定。启动牵引机将管道投入并通过压 U 机。

压 U 成型对外界条件要求比较重要：理想温度大于 10℃，当气温不能满足要求时，要采用加温设备对管道进行加温，比如：利用鼓风机加热、在管道表面加盖保温层。

缠绕带的施工原则：根据管道规格、材质及施工时外界温度，考虑缠绕带的缠绕层数及密度，为了保证 PE 管道在穿越时不会出现由于缠绕带崩裂造成的管道穿越压力增大，可适当增加缠绕层数。缠绕带材质为 PET 膜含玻璃纤维，一般厚度为 0.28mm。

聚乙烯内衬管的最大牵引机不得超过安全许用应力，最大的牵引力等于内衬摩擦阻力及管道弯曲产生的弯曲应力之和。在牵引过程中，需要监控牵引力的变化，预防内衬的拉力过大。聚乙烯内衬耐短期载荷能力强，而耐长期荷载能力相对要低，在牵引过程中，内衬管的拉伸强度随牵引时间而降低（表 3-13）。

聚乙烯的弹性模量和安全牵引应力随时间变化值   表 3-13

	典型弹性模量			典型的安全牵引应力	
时间	高密度聚乙烯	中密度聚乙烯	时间	高密度聚乙烯	中密度聚乙烯
短期	800MPa	600MPa	30min	9.0MPa	7.3MPa
10h	400MPa	300MPa	60min	8.3MPa	6.7MPa
100h	350MPa	250MPa	12h	7.9MPa	6.4MPa
50年	200MPa	150MPa	24h	7.6MPa	6.2MPa

HDPE 管道穿插时，牵引端和操作端应有可靠的通信方式，联合操作，控制牵引速度使 HDPE 管道匀速入管，避免忽快忽慢。各预焊管段需要连接时两边要采用预见性减速制动，防止两端操作不同步将导致拉力过大造成管道断裂。

（6）气压恢复

管道穿越完毕后，采用 PE 管道两端焊上盲板向管内充气打压，复原内衬管，使得内衬管与老管道贴合在一起，形成复合管。充气压力一般为 0.1MPa，当管道内压力达到设计值时，PE 管道上缠绕带发生清脆的崩裂声，恒压 10min，待崩裂声消失即停止。

对打压后的 PE 管道再次利用管道内窥器进行检查，以 PE 管道内壁没有凸面为合格。

（7）防伸缩器安装

工作坑内 PE 管道之间一般采用钢管法兰与 PE 管法兰连接。为避免 PE 管道通水后遇冷收缩对阀门等附属设施造成损坏，在 PE 管道穿插完毕后安装防伸缩器，防伸缩器采用内径稍大于 PE 管外径的钢管，切割两半覆盖在 PE 管外，用螺栓组合成型。钢管两端分别固定于原管道端头以及 PE 管钢制法兰上。

（8）管道试压

管道全线连通完成后进行强度和严密性试验，试压一般采用水压试验，试验压力根据设计要求确定。不同的管道类型执行相应的试压标准，如给水排水管道执行《给水排水管道工程施工及验收规范》GB 50268 的相关规定，燃气管道执行《城镇燃气输配工程施工及验收规范》CJJ 33 执行相关规定。

试验时要做好安全措施，两端临时端板应采用钢管支撑，并临时点焊固定，避免试压时将临时端板压出造成事故。

3.5.5 结论

随着时间的推移，城市管道的泄漏、腐蚀情况严重，对其进行改造成为城市发展过程中的必然。国内的管道修复市场正在日趋成熟，显示了巨大的经济与社会效益，积极发展与完善国内管道修复技术，做好管道修复技术的相应标准配套工作，以推进管道修复技术的研究与进一步推广应用。